# 人居广西

沈东子◎主编

陈洪健　梁雪珊　等◎著

*The Residential Villages in Guangxi*

漓江出版社

# 遍行天下　心仪广西（代序）

一　民

离开南宁前，又去满记米粉店吃生榨米粉，还没开口，一位男子一边停放自行车，一边大声叫道：老板娘，老友一碗！老板娘扬声通知内厨：老友一碗，三两，加肉加辣！——看来是熟客了。

这是一家生榨米粉店，可是竟有人专程来吃老友粉，而离这家生榨米粉店不远，就是南宁市老友粉的三大名牌。我感觉奇怪，问老板娘，你们的老友粉很好吃？她笑笑，你尝过就知道。

我于是改变主意，品尝了一碗由生榨米粉店出品的老友粉。酸笋、豆豉、蒜米、辣椒、肉末、西红柿，都是些老友粉的标配。米粉端了上来，才品尝了第一口，我便感动了，这就是老友粉最古早本真的味道啊。我忍不住抬起头看一眼老板娘，她冲我露出温暖的笑容，我们相视一笑，那一刻，不需要言语，都知道双方想表达什么。

这碗老友粉为什么好吃？因为肉末是用手工剁出来的；因为酸笋是专门订购的；因为做酸笋的人，始终坚持古法浸泡，不添加任何的化学品。时间过去，潮流变化，需要有很多坚守传统的人，才留得住一碗古早味道的老友粉。

生榨米粉是这家小店的特色。老板一家是蒲庙人，生榨米粉的发源地之一。满记做生榨米粉，米坚持要选好的，并且严格遵循着泡米、研磨、打浆、过滤、蒸煮、发酵等过程，要完成一盆米膏，需要将近一周的时间。

这自然是一粥一饭，当思来之不易，而这家小店的坚守，也让人想起同仁堂那副有名的对联：炮制虽繁必不敢省人工；品味虽贵必不敢减物力。

店面是老南宁的建筑风格，长长的三进竹筒楼，这样的房子已经超过半个世纪了，老旧，但收拾得干干净净。内厨日夜烟火不断，但同样一干二净，灶台和洗理池分开，洗理池又分素池、荤池。

这家有三十多年历史的米粉店，曾三次搬迁，带着这个城市改造的印记。上个世纪八十年代末，年轻的老板娘一家在古老的临胜街开了自己的第一个米粉店；九十年代中，南宁市旧城改造，他们的店铺在规划之内，于是搬到了马路对面的七星路；2004年七星路再次改造，便迁到了南国街，到如今，已经又过去了十一个春秋。

从街上的树木也可以看到一个城市的变迁。满街的羊蹄甲长得比这条街上的大部分楼房都要高，春天满树繁花，如今结满了豆荚；间种在羊蹄甲之间的是大花紫薇，它算是这条街道最年轻的植物了，是南宁市近十年的新添绿植；路口则是七星路的标志——人面果树，树龄已经超过30年。

米粉店的顾客中，慕名而来的固然有，搬离后还常常回来寻味的也有，但更多的是住在附近的邻里。每次到这里来吃粉，都能看到扶老携幼的情形，也常听有人语带骄傲地说，自己跟着这家店吃了二十多年的米粉，一副不离不弃的口吻。我见过几次一位六十多岁的阿姨来买鸡腿，每次买十只。十只鸡腿的价格和一只整鸡差不多，不过肉可比整鸡多多了。也听过有人搭讪：阿姨有这么多个孙子啊。也听过有人窃窃私语，还是阿姨会过日子。老板娘说，阿姨的家就在附近，每个星期准来买上一两趟，不过她买这些鸡腿可不是给家里的孙儿辈，而是送到敬老院给老人们。

传统的食物，良善的居民，温馨的故事，质朴的生活，就会有令人安心的力量。

有人拿着碗过来要求加汤，老板娘给客人添上一勺鸡汤，分量并不多，我想是出于节俭和惜物的考虑，因为客人已经吃过粉，豪迈的一勺估计多半会被浪费掉，但她又绝不是吝啬，因为，还很贴心地舀起一块鸡血连同汤水一起放在客人的碗里。

小小的动作，包含多少人情世故在其中，我觉得它们简直是美极了。

我很喜欢到这家小店来，刚毕业的时候，就在附近上班，后来调离了，住得也远，还是常常来。如今移居到另一个城市，但每次回到南宁和离开之前，都要到这里来吃上一碗米粉。我们之间，既陌生又熟悉，既疏离又亲近，吃米粉有时只是个形式，实在也是想从老板娘待人接物的一举一动，从老板娘与新老顾客相互敬爱的相处，从人们脸上平和与知足的神态，去感受那些不曾随岁月而褪色或变形的情感和温馨。

小店之外的南国街，已经走过一百多年的风雨岁月，连街道两旁的树木都被熏染上了浓重的人情味和生活气息，苔痕在斑驳的墙角，成了岁月的见证。这条老街出乎意料地干净，太阳透过浓密树荫洒下的光斑，使老旧的地面和屋墙显得光感十足而富有戏剧性。

与这条浓荫遮蔽的老街比邻的是现代化的外滩新城。新城之下，阳光坦荡而热烈，路上车水马龙，尘声喧嚣。哪怕只是在二十多年前，这一带还是老旧的低矮民房，古老、真实、平常，老式的门楣，“忠厚传家远；诗书继世长”一类的门联，不奢华，不张扬，生活的哲思深入人心。

乡村和城市一样，也满布人类生活文明的足迹。在广西大地上行走，桂北的热情，桂中的豪爽，桂西北的质朴，桂东南的婉转，桂南沿海的开朗，几乎在每一个地方都能从日常之中收获美好与感动。

广西是一个独特的地理和文化区域，多民族风格的民居衍生了多姿多彩、富有特色的干栏文化、铜鼓文化、梯田文化、歌圩文化，体现出质朴而亲切的乡情，与自然和谐共处的理念，这些都与生活在那一方水土上的人们的生活息息相关。恭城矮寨“望得见山，看得见水，记得住乡愁”的传统村落；贺州围屋，厅与廊通，廊与房接，和衷共济，守望相助；灵山大芦村多进式院落和丰富的楹联文化；北海、梧州带着浓厚南洋风味的骑楼群；窄开间、大进深、多层连排的岭南风格竹筒楼……民居是一个地方的人们日常生活的场所，是承前启后，连接过去、现在和将来的载体，它不仅仅是一个建筑物，也是人们在土地、气候这些环境因素之上的生活方式和情感力量，是有生命的文化景观。

当然，不管是城市或是乡村，随着社会经济、政治和文化的发展与进步，当现代化建筑拔地而起的同时，新的生产、生活方式也随之而来，传统的生产方式和生活方式必然随之改变。

从历史的发展来说，古与今是有区别的，城与乡是有区别的，人与人是有区别的。但从人文的角度，不管时间如何过去，不管科学如何昌明，不管物质如何丰富与发达，人类向上、向善的心，互敬互爱的情，无论从久远的过去，到眼前的现在，再到未现的将来，都是毫无二致的。

人类从开始的拓荒，一手一脚、一砖一石地创造着自己居住、生活的环境，而环境又反过来影响生活在其间的人们，环境与人类相互欣赏，相互感染，两相融合，共同培育出一方土地上独特的乡土风貌和人文景观。

一家米粉店，一条老街，几排老树，是一个城市日常生活的直观记载；依山开辟的农田，村头高大的榕树，小桥下洗衣的妇人，宗祠老旧的飞檐，村里间杂的老房子和新建的水泥楼房，是人与自然和谐相处的风貌。这些“没有文字的史书”，是即使时间过去，仍能触摸到的人情风土烙印和温暖记忆。

我在一瞬间，仿佛豁然开朗，真正懂得了，什么样的环境才是宜居生态——

万物有情，情在自然，情在和谐。

# 目 录

## ·桂　林·



## ·梧　州·



## ·北　海·



## ·钦　州·

## ·防城港·



## ·贵　港·



## ·玉　林·



## ·贺　州·



## ·百　色·

## ·河　池·



## ·来　宾·



## ·崇　左·



## ·附　录·

# 南宁

N A N N I N G

# 美丽南方，五彩忠良

## ——西乡塘区石埠街道忠良屯

忠良屯地处“美丽南方”乡村旅游核心景区，因一部小说而得名。忠良屯巧借文化品牌，抓生态建设，打造乡土特色文化，从自身历史提升出“美丽南方”的概念，成为广西乡村的文化符号。

邕江北岸有一片美丽的地方，瓜果飘香，玫瑰盛开，这是忠良屯打造而成的“美丽南方”，南宁市近郊乡村休闲旅游的首选地和南宁市新农村建设和农业特色产业发展示范基地，让人流连忘返。

忠良屯地处“美丽南方”乡村旅游核心景区，因一部小说而得名，人们总喜欢美的事物，久而久之，“美丽南方”就成了忠良屯的一个代名词。

我与忠良屯早就有缘。我第一次到忠良屯是十多年前读大学之时，我们七八个同学坐着班车一路颠簸过来，大家唱着流行歌曲，在向日葵盛开的田野里不停地拍照，记忆中景区的湖里散发出阵阵的恶臭，湖边一片死水，黑色水面漂浮着大量的死鱼，湖岸杂草丛中，一片颓废荒凉的样子。

2012年初夏，我再次来到忠良屯，这里多了不少丰富多彩的人文资源，土改陈列室、知青园、生态农业园，但杂、乱、脏的环境依然没有得到改善。

2015年秋，我又来到忠良屯，一下车，我却迷失了，青瓦，白墙，曲折

月亮湖

美丽南方景区大门

巷陌，亭台池塘，眼前如诗如画的“美丽南方”就是从前那个脏乱的忠良屯吗？

如今的忠良屯已不复当年的模样，忠良屯改造中，整治的是脏、乱、危险的村容村貌，但“修旧如旧”，保留下农村朴实天然的风貌，村前村后的水果园、竹园、水上乐园、玫瑰园、葡萄园、百果园、水产养殖基地……让人目不暇接，沉醉其中乐不思归。

月亮湖边，柳树依依，翠竹婆娑。月亮湖原来是屯里的一口鱼塘，塘边杂草丛生，湖水浑浊，村中的人畜生活污水都直接排入水中，天热时湖水臭

美丽南方洛克玫瑰园

气熏天。忠良屯对池塘等水域采取治理措施，采取“食藻虫”引导的水生态修复技术，恢复水体自净功能。如今的月亮湖，湖岸生长着各种树木花草，湖水清澈，鱼翔浅底。

屯内的绿地以种植黑橄榄、竹子、黄皮、阳桃等本地植物为主，池塘周边以垂柳、竹子为主，生态停车场、道路两侧则以种植扁桃树为主，三角梅、朱槿花为辅，树在村中长，道路、小径、古院处处长着树，四季常青。

老宅房前屋后，用树木围起篱笆，家禽、家畜圈养其中，解决了过去家畜放养，环境受到污染的现象。村民还将闲置的旧房设置成耕牛集中拴养点，同时还将老宅周边和竹林空地列为定点粪便收集池；在田间设置垃圾回收箱，山清水秀地干净，忠良屯成了真正的清洁田园。

近年来，村里围绕石埠街道以“吸上清新气体、喝上放心水、走上平坦路、住上特色房、洁在乡村”为目标，示范区按照“生态、经济、发展”的理念，引进了洛克玫瑰园、台湾水果园、葡萄园、生态百果园、生态水产养殖基地，打造农业生态核心区。土地流转后，原来外出打工的村民纷纷选择回村发展。

种植面积1000多亩的洛克玫瑰庄园，是广西最大的玫瑰花园之一。南宁地属亚热带季风区，玫瑰花耐不住“热”，容易引发病虫害。经过专家的指导，依据本地的气候土壤进行品种改良，玫瑰庄园里的玫瑰一年四季都可以开花，节假日里市民在里边还能吃到玫瑰花饼、喝上玫瑰花茶、玫瑰饮料等玫瑰花产品。庄园里还可以举办浪漫的玫瑰花婚礼、玫瑰花宴会，美不胜收。

忠良屯以都市农业为发展方向，以果、菜、花、渔为主导产业，以“生态农业、科技领先、多彩田园、美丽乡村”为主题，建设首府周边“大菜园、大果园、大花园”为规划理念，对示范村进行总体开发，把忠良屯建设成为全区现代化农业先行区、生态休闲观光农业样板区，加速推进农业现代化建设。

在景区里有一个农夫和一头牛在耕田的主题铜像，人与牛的比例关系表现得栩栩如生，当农耕文明与现代农业技术相结合时，又唤醒了田野的新希望。

漫步在忠良屯，看着老人们坐在自家院子里含饴弄孙，村民们三五成群地聚在一起悠闲地喝茶聊天。优美整洁的环境、丰富和谐的生活，忠良屯的村民们一谈到未来，脸上就洋溢起欢快的笑容。

一个缺乏文化的乡村，好比一个缺乏内涵、徒有其表的女郎，粗俗、轻佻，越发展越没有方向感。每个村庄都有自己的“村魂”，成为村庄世代传习的精神力量，支撑着整个村庄的生存发展之道。石埠街道忠良屯是已故作家陆地先生创作的小说《美丽的南方》的人文风貌背景所在地。1952年，正当全国掀起轰轰烈烈的土改运动之际，陆地与艾青、田汉、李可染等文化名人曾在忠良屯开展“土改”工作，结下了深厚的友谊，见证了广西土改的历史。

上个世纪六七十年代，又有一批知青到忠良屯插队，留下了青春的峥嵘岁月，忠良屯改变了他们的人生足迹，成为他们的第二故乡。

油菜花盛开的忠良屯

新村风貌

玫瑰园小憩

知青文化展示园

农具展览室

忠良屯人杰地灵，民风淳朴，文脉源远流长，承载着中国政治、经济变迁的缩影，形成了忠良屯人与时俱进，坚忍不拔的精神。

忠良屯抓生态建设，巧借文化品牌，发展乡村特色休闲旅游，一盘棋激活了整村发展。忠良屯注重保护农耕文化的传承，村里修建了农具展览室，保留了牛耕、打谷、舂米、榨油等农具。我们在农具展览室遇到从城里来的一家三口，年轻的夫妻俩正在教孩子认知农具，这对年轻的父母说，现在的孩子，从小在城里长大，不知农业生产、粮食从哪里来，我们想从小就教育他，让他了解农村的知识，了解过去农民的辛苦。从年轻夫妇教育孩子的感人场面，我们体会到了忠良屯按照街道“产村互动，农旅融合”的发展思路，得到了有效的执行。

忠良屯里居住着壮、汉等民族，每年的农历三月三，村里都要举行丰富多彩的民俗活动，唱山歌，品尝壮族五色米饭等特色美食，欢天喜地一起过壮族同胞的节日，祈福“尼啰”的美好生活。

文化暖人心，忠良屯通过对文化场所、房子、景观的细节表现，一块砖、

美丽南方云升桥

一块瓦、一处池塘、一幅画、一件农家物品等等的包装，让岭南乡土的文化点点滴滴感染每一位游客的心灵。乡土特色文化，已成为忠良屯发展休闲农业旅游不可或缺的亮点。

远山含黛、江围水绕、竹林婆娑、草木葱茏，这一派小桥流水人家，富于南方特色的乡村风情景象，使忠良屯的“美丽南方”成为人们心中的一颗明珠。■

陈洪健／文　黄伟铭／摄

# 桑蚕化丝，稻香村院

## ——宾阳县古辣镇水丽村

敬人者，人恒敬之。祖宅凝聚了乡民一生的财力与情感，要按规划重新布局，建设宜居宜游宜商的新型村寨，不仅需要动之以情晓之以理，还要有相应合理的赔偿标准，水丽村的做法值得借鉴。

### 蚕生春三月，春桑正含绿。

“山川焕绮，以铺理地之形。”亿万年前的一次地质运动，成就了土地肥沃的宾阳平原。岁月流淌，一代代子民长于斯老于斯，默默耕耘，传承了农耕文明与商贾繁华的景象。“炮竹千山醒；龙腾百业兴”，正月里的一副对联，道出了宾州人民对新一年的希冀。炮龙图腾不老传奇，催人奋进，成就了“宾州古镇”赢得“广西四大古镇”之一的美名。

美丽的宾阳平原自北向南舒展，从宾横公路眺望，一望无尽的原野，令人心旷神怡；田舍俨然，清新宁静的乡村，一派安然的南国乡村景象。

水丽村是宾阳平原上的一个村庄。第一次听到“水丽”这个名字，美丽的名字，仿佛邻人家里一个纯朴又活脱的女孩子。一个如此动听的名字，这里面或是包含吉祥的寄托，或是因为她散发出来的某种秀美的质地。

依水而居，秀丽乡村（黄日强 刘洪麟 摄）

一千五百年前，陶渊明在《桃花源记》中写下了他理想的田园生态环境："有良田美池桑竹之属"。良田、池塘、桑园、竹林，水丽村响应了古人"天人合一"的生产与人居理念，孕育了一种简约的乡村美学。一方水土养育一方人，肥沃的宾阳平原滋润着水丽村厚实的发展条件，水丽村美如画卷的村容村貌，也在悄然改变生活陋习、乡土民风。细细品味水丽村的幸福生活，似乎印证了与时俱进、天道酬勤的农耕理念。

乙未年的一个秋天，我从南宁驱车前往八十来公里外的宾阳县古辣镇水丽村。桂南大地的秋阳，艳阳高照，燥热的天空似乎在燃烧。驶出南柳高速古辣出口，约行驶2.5公里就到了水丽村。下了高速路，村前村后的地里在秋风拂起之际，泛起了氤氲的桑林，一片连一片，一株连一株，肥硕的叶子遮蔽着漫天的烈日。

从村里老人的口述中得知，水丽村的祖先是从山东长途跋涉迁徙过来的，在这里开荒耕种、生儿育女、安家落户。多年来，种桑养蚕一直是村里持家立业的致富之本，是村里世代赖以生存发展的特色产业。多年来，村里没有赌博现象发生，没有一个光棍，只要勤劳肯干，不愁找不到老婆，现在外村的人抢着嫁过来。水丽人说起来就一阵骄傲。

水丽村有63户人家，人口264人，产业以种桑养蚕为主，种植水稻为辅。村前有一片450亩的水丽湖和40多亩的池塘，夕阳下的水丽湖波光粼粼，彩蝶飞舞，水鸟欢快竞逐。

晚霞染秋，斜照着水丽村一排排岭南古朴的别墅；清风翠竹，传来淡淡馨香的田野气息。在村里干净的广场，老人们神情安详地携带着孙子，尽情享受天伦之乐。孩子们有的在打球，有的跑到体育器械边锻炼，有的在捉迷藏玩耍，欢声笑语，其乐融融。"老吾老以及人之老，幼吾幼以及人之幼。"二千多年前，圣人孔夫子提出的社会终极关怀，在今天行进中的中国，依然成为幸福的风向标。

## 爱人者，人恒爱之；敬人者，人恒敬之

返乡是农民的愿望，因为维系他们乡土的基因，永远扎在那里。

湖畔村路（陈志伟 摄）

近几年来，仅仅有264人的水丽村，已有20多人从外地返乡创业，再也不想到外面漂泊谋生。面对这一悄然的改变，一位村民说出了自己的心里话，企业就在家门口，又有不错的收入，空气好，水质好，吃得好，住得好，生态环境好，干吗还要到城里打工？

罗马城不是一天建成的，当人们欣然到水丽村旅游观光，沉醉于农家田园生活，梦想照亮现实，你是否想过这些劳绩背后的付出？在这场声势浩大的生态乡村建设中，“破旧立新”成为改变乡村生活的命题，一破一立，建设的观念在“解构”与“重构”之间进行。

拆旧、征地、迁坟、建新，是水丽村最难啃的“四座大山”，搞不好搬了石头砸中自己的脚。两年多以前，水丽村为了修建一条环村路，沿途的40多座坟墓必须迁走，这涉及几千多人的祖先的坟地安置。环村路的修建还牵涉到邻村一户人家的祖墓，工作十分难做。

最终，他们友好沟通，促成两村结拜兄弟，两村的村民终于拥抱在一起，“一笑泯恩仇”，双河村孙姓家族同意将阻碍水丽村修建环村路的坟墓迁走，水丽村支付800元给孙姓家族作为迁坟费，此事的成功解决在当地成了佳话。古有宋太祖“杯酒释兵权”，今有“土茅台”的滴滴醇香情化解了水丽村基建带来的困惑。

这只是其中一个小小的案例，在沟通工作中，镇干部、村干部都本着“将心比心，以情动人”的思想，动之以情，晓之以理，倾听对方的困难和诉求，以耐心和真诚打动人，以实际行动帮助村民排忧解难，老百姓也将政府视为朋友。

“爱人者，人恒爱之；敬人者，人恒敬之”。中华五千年民风淳厚，为政者当将老百姓的所思所想掂量于心，跟他们做朋友，真心为他们排忧解难。

拆旧，不能简单地理解为对旧建筑群体的推倒。毁掉一件东西非常容易，老房子是农民的老祖宗或他们辛苦一辈子积攒的钱建起来的，老房子凝聚了

水丽村的欢笑（曾海荣 摄）

他们一生的财力和情感，不是说拆就能拆这么容易。水丽村在建设生态美丽乡村伊始，村两委召开村民小组大会决定建设一个宜居宜游宜商的新水丽村。村里发出告示，所有的老房子必须拆掉。有一些村民不乐意了，甚至千方百计阻挠村干部组织拆除老房子，拿出身家性命欲与村干部拼了。村党支部书记老张，经历了几十年的人生沧桑历练，练就了沉着冷静的性格。据村干部介绍，水丽村共有328间老房子需要拆掉，约计12000平方米。这是水丽村一道必须跨过去的坎，在破旧立新的过程中，总有人支持，有人反对，世界是在一个矛盾体中获得新生的。

为了拆旧房子的事，有多少水丽人度过了一个个不眠之夜，数千年的宗族观念在左右着人们的思考。当祭祀的宗祠毁掉后，宗族与集体的观念遭遇博弈，信仰与利益发生冲突，一切价值亟待重新评估。新农村的建设像一团麻花，需要有人站出来，勇敢去面对。

村里的党员干部利用晚上时间，到户主家做思想工作，动之以情，晓之以理，描绘水丽村美好蓝图，以及建设新农村给各家各户带来的好处和变化。拆旧不仅拆掉了老房子，为水丽村新农村建设的规划扫去了障碍，还终于扫除了水丽村人心灵的樊笼。

我们走进水丽村，观赏青砖建成的别墅，一栋栋错落有致；硬化的水泥路洁净地延伸到各家门口，出了院门，走几步便是别致的村落景观；劳作回来的村民，推开一扇窗，就能感受花香鸟语，古朴雅致。

在乡土中国，土地是农民赖以生存发展的命根子，传统的小农经济时代，征地必然影响到以家庭为生产单位的经济利益。产业是新农村经济获得发展的造血干细胞，在拉长桑蚕产业链的过程中，水丽村通过招商引资引进合作商。为配合合作商建厂房，水丽村无偿出让18亩土地，村民们无怨无悔，一齐将目光放远于未来的发展。但建厂用地还涉及水丽村相邻古济村的五亩地，征地的古济村户主提出了赔偿要求，政府工作组多次到现场进行协商，指出古辣镇是南宁市重要的桑蚕基地，是为了全镇养蚕的农户利益，一荣俱荣，一损俱损。这话说到了古济村征地户主的心上了，他们同意按照当地征地标准进行赔偿，合作公司入驻水丽村从此得以顺顺利利，公司投产后为古辣镇发展特色生态产业树立了榜样。农民在征地中，开阔了视野，增长了见识，想问题更有眼光，更长远了。

## 清洁水源，整治环境

2015年的夏天，古巴桑蚕专家不远万里到古辣镇水丽村参观养蚕技术，从某种角度说明了水丽村在新农村建设中值得他们前来学习取经。

古巴桑蚕专家在参观水丽村桑蚕基地、蚕丝技术展示，领略了水丽村秀美的田园风光，参观了岭南古朴的农家小院之后，都不吝赞美之词，希望加强古巴与中国的桑蚕交流合作。

俗话说，环境造就人。有什么样的环境，就有什么样的人群所展示出来

农家小院新面貌（黄建华 摄）

的素质。

美丽生态广西乡村建设，改变了许多乡村的命运，使了无生气的空巢村庄焕发了新的生命。采访中，我们在村里的农家院子走访时发现，厨房的陈设摆放得整整齐齐，现代厨房的家什干干净净，桌凳、碗筷、食物摆放有序。这并不是一家一户的个别现象，村里的各家各户都很讲究卫生，并不是刻意安排哪一家做个样板。

水丽湖是水丽村的母亲湖，天蓝蓝，水蓝蓝，人车走在湖边就能看到澄清的水，经过污水综合治理，销声匿迹多年的鸟儿飞来了。

2013年以来，水丽村工作围绕“水竹相映、桑蚕化丝、稻谷飘香、古院乡风”的自治区级综合示范村标准展开。清洁家园、清洁水源、清洁田园的“三清”建设，是清洁乡村建设的主体。村里买回来一套污水处理设备，各家的污水排放后，通过专门排水管道统一流到污水处理处，经过技术处理达到排放的标准后，再直接排放到河里灌溉农田，对鱼虾、微生物不构成污染伤害。

水丽村村口（蒙明才 摄）

傍晚，绿油油的田野，平原的深处披着一层层薄薄的雾，好像天上飘落的衣裳，一个妇女正在小河边洗衣服，清澈的河水缓缓流过。

饲料养殖对水质污染破坏太大，村里关停了不合格的养鸭场和附近的养猪场。漫步在水丽湖湖边，一股清凉的水气迎面扑来。如今的水丽湖拥有清洁的水质，环境改善后的水丽村更加美丽了。

## 筑巢引凤，返乡创业

何为“漫城”？

“漫城”意为浪漫美满的处所，是一种同时拥有现代城市的繁华便捷和传统乡村优美恬适的理想状态，有触手可及的便利，有优美自然生态环境的环绕，有书香有古韵；可休闲可养生，可游览可体验，可学习可欣赏，漫游、漫居、漫享、漫耕、漫品，得到稳稳的幸福。

水丽村地处宾阳漫城的规划节点。近年来，经过多方的共同努力，生态乡村建设取得了可喜的进步，朝着宜居乡村、幸福乡村的梦想迈进。

让自己的脚步慢下来，再慢下来，当漫步于水丽村古朴诗意的院子、戏台、景观廊亭小道、竹林、古榕休憩区、桑园、湖边、休闲广场、生态停车场、旅游中心，人们忘记了城市的喧嚣，还有工作压力带来的快节奏。

水丽村的生态美了，人居环境美了，就能招揽企业前来投资兴业，实现双方共赢。张祖先是水丽村一名普普通通的农民，多年前，在广东做建筑水泥工，村里兴起搞农村建设后，他从广东辞工返乡，承包了20亩地种桑养蚕，一年辛苦下来挣了十多万。家里收入比外面高，又方便在家里照顾孩子和老人，他安心地留在了自己的家园。

从外出打工到回乡发展，这一转变，对于水丽村，对于中国广大乡村来说均意义非凡。历史的进步，总是从点点滴滴的缩影中看到希望。

近年来，水丽村引进蚕丝龙头企业，投资1.8亿元建设全国最先进的FY2008型自动缫丝机20组8000绪、复摇机11组660窗和蚕丝被生产线、小蚕共育站，以及全国最先进的“污水资源化无害净化装置”等环保配套设施，

生态蔬菜种植（何乃旭 摄）

年生产白丝600吨，蚕丝被10万多条，副产品约850吨，年产值约2亿多元，上缴税款700多万元，直接安排800多人就业。

丝业公司让村里的农民成了产业工人，在家门口实现了就业、创业梦；不仅安排本村的人上班，外村也有很多人来村里的企业工作。

水丽村的美好蓝图正走在坚实的道路上：水竹相映、桑蚕化丝、稻谷飘香、古院乡风——一个屹立于宾阳平原的幸福乡村的梦想不再遥远。■

陈洪健 / 文

# 柳州

L I U Z H O U

# 三江，一个有草木气质的地方

## ——三江县林溪镇冠洞村冠小屯侗族村

侗文化源远流长，自成一体，与风光占尽的程阳八景相比，冠小屯村如待字闺中的清纯美人，鼓楼，侗歌，风雨桥，百家宴，均为悉心守护的民族经典。

### 民风古朴，邻里和睦

柳州市三江县林溪镇冠洞村冠小屯侗族村，位于三江县林溪乡中部，这里聚居着 178 户共计 742 位侗族同胞。它的鼓楼是整个三江县城内 228 座鼓楼中的一个；它的风雨桥，是整个三江县城 197 座风雨桥的组成部分；在这里生活的侗族同胞，也和其他侗族同胞一样，唱着侗族大歌迎宾待客，用歌声传情达意。

生活在冠小屯村的侗家人，与三江县城里其他侗家人一样，祖祖辈辈居住在这片土地上，居住在依山傍水的吊脚楼里，每天或者在层层梯田里劳作，或者在茶园里采茶，或者上山采笋，迎着朝阳而作，踩着落日而息。

古老农耕生活的全部诗意，在三江，同时也在冠小屯，尽善尽美地保持着。春天播种；夏天耕耘；秋天的稻田里一片金黄，稻谷沉甸甸地低垂着脑

民族团结进步创建示范区

袋的时候，在收割之余将养在田里的禾花鱼捞起，呼朋唤友一起在田埂上烤鱼；冬天里，一起围坐火塘，摆龙门阵，跳多耶舞，过侗节吃冬……

侗乡到处都是宝，高山糯米、高山稻鱼、茶油、茶叶、黑猪、黄牛、本地羊、土鸡、土鸡蛋、土鸭、红薯、韭菜、小土豆、萝卜、竹笋、野生蕨菜、时令蔬菜，在这个草本植物丰美的土地上，欢乐地生长着。所以，侗家人一年四季都有得忙。这个嗜酸的民族，总能把一切适宜的食材加工成自己喜爱的酸味，农历七月半做酸鸭，八月十五做酸鱼，春节前做酸鸭子、酸猪肉。日常里根据季节腌制各种酸菜，冠小这里的人也一样。

但凡来过三江的人，无不为三江大面积、浓郁的侗家文化沉醉不已，这个没有文字的民族，将自身所有的魅力与深沉的历史积淀，无声地凝聚在这片土地的一草一木上，建筑的风貌，桥梁的样子，生活于此的侗人的服饰、语言、作息，以及民俗，无不是这个民族长期以来在侗文化滋养下的产物……

深厚浓郁的侗民族风情，既有于瞬息之间引人注目的魅力，也有经时光积淀耐人细品的内涵。整个三江，就是一个浑然天成的宁静村落，一幅悠远宁静的田园风光，一个来过就印在心头的童话世界，一本看得见的丰富鲜活的农业教科书。在这里，你会觉得每一寸土地，要么就得到了人类的守护，要么就得到了上天的眷顾，要么，就得到了时光的恩典……

在互联网的背景下，在城市化大潮席卷而来的轰隆的推土机声里，一个又一个村落悄然消失，乡村景象日渐萧条，一些古老的乡土文化正在被世人渐渐遗忘。如何在保护传统之余与时俱进做到保留与创新，弘扬传统文化，在古老的乡村元素里融入现代元素，这一直是政府与民间热烈讨论的核心话题。

走进冠小屯，先映入眼帘的，是三江县政府为冠洞制作的木制名片，这张名片开宗明义向游客介绍了冠小的当家菜——中国侗族百家宴，从中可以知悉，2010 年，中央电视台与柳州市政府曾经取景于此，联合拍摄大型电视连续剧《刘三姐》。此外，自 2009 年这里第一次举办“百家宴”以来，整个冠洞已经累计接待国内外宾朋 78 万人次，旅游收入达到 800 多万元。冠小作为冠洞的一分子，自然也是承办百家宴的主力之一。这么长时间和大规模的接待，对于环境的压力，不言而喻。

然而，我们在冠小的整个参观过程中，没有看到垃圾的堆放，没有发现蚊蝇的踪迹，路面没有塑料袋的残留，这些无声的细节说明，冠小屯在自家清洁卫生方面的工作，还是过硬的。

在冠洞木制名片的对面，是当代侗家木匠师傅的工作室，这些或长或短、有序堆放的原生态木材，已经弹好墨迹线，凿好眼，刨好榫，不知是哪一栋鼓楼或者风雨桥的组件，看着它们，就如同看一本侗家木制建筑的教科书，那些或大或小的凿眼以及大小不一的榫头，经木匠师傅的巧手组合和设计，将会是某一座美轮美奂的木制建筑的一部分。侗家建筑能够不着一钉，不费一铆，仅以凿榫衔接，采用杠杆原理，就可平地起高楼，这一神奇而美妙的功夫，在这个小小的露天工作室里，得到了完美的体现。

近代侗民族传统木结构建筑的完美体现，当属被称为“侗家鸟巢”的中国侗城，这座坐落于三江县古宜镇的侗族新一代标志性建筑，是目前单体木质结构的吉尼斯世界之最。设计灵感来自侗家画眉鸟笼，外形酷似北京的鸟巢，场馆呈圆形，直径 88 米，高 29 米，占地面积 5000 多平方米，整个建筑使用木材量近 2000 立方米，于 2010 年 10 月 2 日启用，每天在里面上演的大型风情实景演出《坐妹》，是观光客们体验侗家文化的饕餮盛宴。

沿着公路慢慢走进去，抬眼望去，是层层叠叠的木的叠加与绿色的叠加，木制的鼓楼，木制的风雨桥，木制的吊脚楼，绿的青山与绿的水，把整个视

与风雨桥和谐共处的蔬菜大棚

野一起装满。起伏的山峦间，全木结构的风雨桥与一栋栋沉默的吊脚楼，就分布在这层层叠叠丰满的绿意里，高高矗立的鼓楼，安静地俯瞰着我们……

这些穿越时光隧道留下的古旧木结构建筑，由此地盛产的杉木建造，这些树木，在未经砍伐之前吸天地之灵气而成长，砍伐之后构筑的天地，依然散发着致命的童话气息，岁月赋予这些木制建筑黯淡的色彩，环绕的青山绿水又给这黯淡的色彩做了最好的铺垫与映衬，呈现出别样的宁静、质朴与和谐。

关于侗家全木制造的建筑，陪我们一起来冠小的骆局诗意地将其概括为“会呼吸的房子”。

三江曾经偏安一隅地自我管理与发展，现在，有了高铁与动车的护航，以及三江县政府对本土旅游资源的大力宣传与推广，使得到三江旅游的游客越来越多，这些走马观花的游客，多半走完程阳八景就踏上了归程。于是，冠小这个村寨，尽管与日渐繁华的程阳八景近在咫尺，尽管它已经在三江县政府与村委的带领下把自己的家园打扮得越来越清洁与美丽，方法多，成效好，并得到了各方的广泛认可，但是，与著名的程阳八景相比，冠小依然还如待字闺中的美人，有待更多的宣传与推广。

木匠师傅工作室里的木材

会呼吸的木房子

如何与近在咫尺的程阳邻居缩小差距？当然是先把家底摸清楚，把自己所处的环境弄明白，明白自己的优势项目之所在，才是扬长避短合作共赢的基础。

冠小的木制建筑依然占据着绝对优势，依然原汁原味地保持着过去的模样，这就是冠小的独有优势。三江浓郁的民族风情，高铁动车带来的便利交通，日渐火热起来的旅游资源，就是冠小实现弯道超车的大背景。

## 鼓楼，风雨桥

鼓楼是侗寨的标志性建筑，有侗寨必有鼓楼，鼓楼是侗家人千年沧桑与智慧结晶的具体体现。全木结构的鼓楼之所以名为鼓楼，盖因侗家人在楼上置一面牛皮鼓而得名。

鼓楼，在侗家人心里有着至高无上的地位，怎么强调都不为过。在侗家原生态的吊脚楼里，鼓楼一定是寨子里最高的建筑。在每一个侗寨里，鼓楼必定如定海神针一样矗立在寨子的中央，它就是侗家千百年来精神的支柱与图腾。侗家人看到它，就知道自己到家了；远方的客人看到它，就知道这里一定是侗家人在主导着这片土地上的人与事。

鼓楼，是侗家人供奉自己神灵的处所；鼓楼，也是侗家人维系亲情纽带的所在。从这个意义来说，鼓楼，相当于汉文化里的宗族祠堂。再怎么浪荡的败家子，也不敢在鼓楼里出言不逊；再怎么物资匮乏的村落，鼓楼的投入，一定是最多的。侗家人用比经营自家住所更多的人力与物力，投入到鼓楼的建设与打理中。

侗家人村村有鼓楼，寨寨有鼓楼，有的村寨，还不止有一座鼓楼。每当鼓楼建造的时候，一定是全村的头等大事，也是全村最热闹之时：十多位木匠师傅或锯或刨，将杉木改成想要的尺寸，或斧或凿，做好榫卯，再辅以墨斗与尺加以定位与计量；村里的青壮年都来帮忙打下手；妇女们担任后勤保障，给前方忙活的师傅与青壮年送上酸鱼酸肉糯米饭补充体力，一定管饱管好。整个寨子，有钱的出钱，有力的出力，也有人既出钱又出力。

以各家财力多寡，鼓楼层数多为七、九、十一、十三等等单数。三江县城里最高、最大的“鼓楼王”创造了四个之最：建筑面积最大，楼层最多，高度最大，主柱最大。这座鼓楼由程阳古村的老木匠带头，遵循古法，完全用木料，召集四方巧匠用了不到 100 天即拔地而起。

冠小屯的鼓楼就坐落在弯弯曲曲的小道尽头，沿着小道穿过一座座吊脚楼，就到了。冠小的鼓楼没有“鼓楼王”那么规模宏大，它就安坐在村里层层叠叠的吊脚楼之间，与村民们亲密接触。

鼓楼在侗家人的生活里，扮演着极其重要的多重角色。在平常日子里，鼓楼是村民们休闲娱乐的场所，男人在鼓楼里抽烟打牌摆古；女人则围鼓楼而坐，在阳光下互话桑麻；孩子在鼓楼前嬉戏玩耍，叽叽喳喳。在有村寨会议的时候，鼓楼是议事大厅，全村老小，齐聚于此，议村事论村事，听“寨佬”（村子中的领袖）发号施令，布置事务。重要的节日里，鼓楼是祭告祖先，通报神灵的庄严所在。过去兵荒马乱的日子里，村寨告急的时候，寨佬还会到鼓楼里击鼓为号，召集相邻的村寨过来援助……

鼓楼前的平地，也是侗文化重要的展示厅，在平时的日子里，这块宝贵的平地可以用于稻谷的晾晒；在节日里，它就成了全村的露天表演场所；迎宾的时候，妇女们在这里一字排开，端上米酒，唱着迎宾曲；举办百家宴时，这块可爱的土地，就成了宾主尽欢的会客大厅。

现在，在我们踏进冠小的这个初秋的下午，有穿着侗家蓝的妇女在鼓楼外，头戴斗笠，手执谷耙，安静地晾晒糯谷，老人们闲坐鼓楼里打牌抽烟。阳光静静地流淌在鼓楼身上，流淌在正在劳作的侗家蓝身上，流淌在围坐鼓楼外的老妈妈身上，同时也流淌在我们眼里。鼓楼，安静地看着我们，岁月，如此静好。

风雨桥是侗家的另一个标志性建筑，同样是侗家人千年沧桑与智慧的结晶。风雨桥是一种集桥、廊、亭于一身的桥梁建筑，在中外建筑史上独具风韵。因其有遮风避雨的功能，故而得名，又因桥上装饰有彩画而又被称为“花桥”。风雨桥在鳞次栉比的吊脚楼里，既可将一湾清水揽于脚下，又可将星罗棋布的人家有机地串联起来。从风水的角度来说，在象征着财富的水流之上建桥，更有把财留住的美好寓意。

侗家风雨桥多为木石结构，由礅台、跨桥、廊亭三部分组成。礅台由青条石垒砌而成，坚固耐用，古色古香；桥跨以密布式悬臂托架为支梁体系，

侗家蓝

和侗家鼓楼一样，仅以凿榫衔接，不钉不铆；桥体有座凳、栏杆、连接柱廊，栏杆处设有腰檐——起保护桥面与托架的作用，使之免受阳光曝晒与风雨侵蚀，从而使风雨桥更为经久耐用。目前三江最著名的风雨桥当属程阳风雨桥。这座建于 1912 年成于 1924 年的风雨桥全长 77.76 米，宽 3.75 米，有两台三墩四孔五亭十九间桥廊，亭廊相连，浑然一体。桥亭为风格各异的五层重檐，桥脊塑有栩栩如生的花鸟龙鱼，上盖青瓦。

程阳风雨桥是桥梁的杰作，人文的浓缩，世界上的多数文物，都只可远观不可近玩，而这座由郭沫若题写桥名的风雨桥，不但可以远观，还可在桥上徜徉。更加不同凡响的是，它居然还能够通车！

声名显赫的风雨桥只是少数，更多的、更接地气的，是像冠小民众天天出入其间的无名风雨桥，桥虽小，并且无名，但村民对它的爱意却丝毫不减，这座建于 2005 年的风雨桥，具有侗家风雨桥的全部特征，桥上有凳，可供休息；桥上有亭，可以避雨；桥上有各路神仙，有保佑平安的神专管平安，有保佑生子的神负责繁衍，各司其职，相安无事。在桥的中部，层层叠叠地摆

冠小风雨桥上的牌匾

放着当初建此风雨桥的功德榜，还有落成之时，其他村寨送来的牌匾，把冠小这座风雨桥说成是情意桥，是完全恰当的。

## 百家宴，打油茶

冠小屯旅游项目的主打菜——百家宴，也是侗家文化的重要组成部分。百家宴，亦称“合拢饭”或“长桌饭”，是各家美食的盛大宴席，也是各家厨艺的集中展示，是侗家人集体待客的最高礼仪。

“吃百家宴，纳百家福，成百样事，享百年寿”。全寨各家各户，带上自家美食——酸鱼、酸肉、酸鸭、酸黄瓜、酸豆角，齐聚鼓楼。长桌、长凳不分宾主，主食以糯米为主，也有粥与面食，酒是自家酿的，菜是各家主妇下厨房做的，由“寨佬”在鼓楼的高台上宣布开餐，这时，宾主齐齐动筷，席间客人可以四处串桌，将各家饭菜一一品尝一遍，宾主把酒言欢，拉家常，唱歌跳舞，场景热闹，祥和欢乐。

三江盛产茶叶，路上随处可见一坡又一坡的茶园，就是侗家油茶取之不尽、用之不竭的源泉。这几年，冠小屯已经成长为林溪的茶叶种植大户，茶叶种植面积达到760多亩，成为村民增收致富的又一重要来源。

打油茶是侗家的习俗，“有客到我家，不敬清茶敬油茶”是侗族规矩，打油茶，以茶会友，是侗族人重要的生活方式与文化景观。

油茶，是侗族人最为喜爱的美食，有“侗族咖啡”的美誉，清甜甘香。打油茶的配料多达十几种，茶叶、米花、猪肝（或鱼、鸡、虾）、花生、葱、姜、盐，荤素搭配。

客人来访，主人家打油茶招待是最高礼仪，主客围坐火塘边，油茶多半由主妇烹煮，在特制的铁锅里倒入油茶并烧到冒青烟，倒入茶叶并不断翻炒到香气四溢，再倒入芝麻、花生米、生姜丝炒香后加水加盖煎煮。

通常油茶上三道，一苦二咸三甜，意寓先苦后甜，苦尽甘来。

油茶既然是侗家人待客的最高礼仪，从客人进屋、点茶备料、煮茶、配茶、敬茶、吃茶、谢茶等等皆有一套完整的程序。喝油茶的规矩是：喝油茶时，主人只给你一根筷子，客人拿起立即喝下油茶，表明客人仍然单身；如果客人在拿起主人的筷子后又拿了一只，表明客人已经成双。客人不拿筷子喝是最好的，这样会给主人家待嫁的姑娘一种神秘感。如果你不想再喝，就将这根筷子架到碗上，主人一看就明白，不会再斟下一碗，否则，主人会一直陪你喝下去。

## 侗　衣

在冠小，我们还看到了一个之前多次出入侗乡都无法如愿看到的场景——侗家的染布与锤布。

在过去的日子里，这样的场景一定很温暖——一颗棉花的种子，被一双手，珍而重之地播种在地里，太阳照着它，雨水滋养着它，父亲母亲还有孩子殷切的目光也在注视着它，棉桃绽开的时候，也许只是妈妈一个人在操劳，也许是全家人一起上去摘棉桃。这些棉桃，被妈妈的手仔细地搓成线状，再纺成纱，接线、染线、蒸线、轧棉、弹棉、织布……一系列的工序之后，棉

侗族百褶裙

花终于完成了从棉花到一块布的蜕变，成为一块粗布的样子。

一位侗族老妈妈给我讲述了一件侗衣的诞生。

从山上把染布的草本植物仔仔细细地一样样找齐，制作成一缸子冒着蓝色泡沫的染料，为保证这一缸子染料不变质，还要每天往里面倒上50度以上的高度白酒以保证其活性。

每天早上睁开眼睛，就得先把布往染缸里放，不是我们从电影里看过的那种，把布往缸子里一放就OK，而是小心地，像呵护一个孩子似的，平整地把整块布放进去，双手互相配合，把布像叠面皮一般地一点一点往前送，如此这般地把整块布均匀上色完毕后捞出，然后小心地把布平摊在地上晾晒干后再入染缸。

每天五进五出染缸，连续5天为一个循环，要至少三个循环，耗时至少15天，这块布才能染上令人满意的颜色。

如果遇到下雨天，染色的时间便得延长。

染好的布要经过锤打，才会透出金属般的光泽，锤打时要让布均匀受力，要不断地翻动，不能让它留下折痕。锤多久才算好？这个靠个人的经验判断了。

光是一块布本身，就已经来得如此之不易，做成衣服，那就更是金贵了，除了重要场合，平时是不舍得把侗衣拿出来穿的。侗衣纯天然手工制作，容易褪色，千万不能用肥皂、洗衣粉这一类碱性的东西来清洗，要不，这件衣服就毁了。

洗的时候，把衣服泡在水里，在容易脏的部位，比如领口，袖口，口袋，腋下，轻轻拍打。这样纯天然的衣服，有着非常神奇的自净功能。

## 侗　歌

侗民族有三宝，一曰鼓楼，二曰风雨桥，三就是侗族大歌。侗民族非常喜歌唱乐，他们说，“吃饭养身，唱歌养心”。儒家文化认为，要治理好国

侗族大歌（三江县委宣传部供图）

家，需要“礼乐刑政”四管齐下，乐，仅列位于礼之后成为治理国家的有效手段，重要性不言而喻。知礼的过程往往用“乐”来熏陶，在侗乡，喜“乐”之人必懂“礼”，侗家大歌，不仅仅是怡情，更是在没有文字记载的情况下，通过口口相传，对侗文化的保留与传承，起到了不可或缺的作用。

即使仅仅从音乐美学的角度来说，侗家大歌也足够技惊四座，被誉为“清泉般闪光的音乐，掠过古梦边缘的旋律”的侗家大歌，在1986年法国巴黎金秋艺术节上甫一亮相，就改变了西方音乐界认为中国没有多声部民歌的偏见。

侗歌，起源于春秋战国时期，至今已有2500年的历史，在宋代就已经发展到了比较成熟的阶段，距今天已经有了近千年的历史。宋代著名诗人陆游在其《老学庵笔记》里曾经记载了侗人集体做客唱歌的情况：“至一二百人为曹，手相握而歌。”至明代，更有人记载：“侗人善音乐，弹胡琴，吹六管，长歌闭目，顿首摇足。”可见，侗族大歌历史久远，源远流长。

侗歌讲款，寓教于乐，更是老少皆宜。在这里要向各位解释一下何为讲款。“款”在侗语中的含义即法律条文，指的是侗族的民族法典。由于侗族没有本民族的文字，便把法律条款用诗歌形式在口头上保存下来，这样就把法律带进了文学领域。

侗家人在歌声里体验爱情、人生；发现、领悟、寻觅、感叹人生的究竟与意义，用歌声来择偶，用歌声迎宾，用歌声传递喜怒哀乐。■

梁雪珊／文　钟康学／摄

# 梨香·故乡·诱惑

## ——柳江县里高镇坡皂屯

乡村垃圾是重要的污染源，坡皂屯采用外包形式，定时清除处理，不但改善了本屯的生活环境，也营造出“忽如一夜春风来，千树万树梨花开”的乡村美景。

### 守得住过去，看得见未来

时间流逝，不过短短几十年，大家似乎都在遗憾，朱自清先生笔下淡雅清新的“荷塘月色”似乎已然不存在了。其实，那一片月光，那一亩荷塘，在每个人的想象里，会有不一样的版本呈现。它们可能不是那么真实，也不是那么具体，可是，它们始终是人们心灵的再次呈现，带给每个人独有的体验与感觉。

然而，现代科技的凌厉，仿佛更关注于外在的绚丽多姿，却少了对内心文学与诗意的关照。

在现代社会喧闹的洪流里，我们得到很多也失去很多，失去之一，就是故乡，以及与故乡如影随形的记忆和感觉。无需多敏锐的目光就可以发现，故乡，已经在推土机的轰轰声里岌岌可危。

坡皂风光

在城市化与城镇化快速推进的过程中，大量农村青壮年劳动力远离故土，向城镇转移，在异地他乡于一条条工业流水线上忙碌，在一个又一个出租屋里辗转，其中甘苦，不言自明。在他乡的明月里，这些远离故土的孩子，总是会向着故乡的方向，想念着童年嬉戏过的河流，爬过的果树，望过的那一轮明月……只要有一个故乡在，他乡的无奈如果到了忍受不了的地步，至少还有一个可以回去的家；即使是身体回不去，哪怕在精神上有一个可以守望的故乡，苦涩感似乎也就不那么苦涩了。怕就怕，在异乡想望家乡，却发现田园荒芜，家乡不再。

没有了青壮年的村落显得了无生气，举目望去，只有孤单的孩子与耄耋的老人，和日渐破败的老宅。这些老宅，曾经是一个家庭甚至是一个家族举全家之力建造起来的，曾经是希望的象征，那时的人声鼎沸如今已变成人去楼空。

费孝通教授曾经这样描述过去的乡村景观：在乡村里，一个村子里可以

坡皂湿地

有一打以上的“王大哥”，而绝不会因此而认错了人。现在，这样的景观已经几乎无法重现，无声地消失在都市生活中了，都市里的我们需要在口袋里时时揣着手机，一旦手机出了状况，与世界的联系也就坍塌大半……

我的理性告诉我，乡村，作为我们祖先在这片土地上生活的主要载体，它的没落，是时代的选择，是国际化、现代化、工业化、城市化以及互联网化的“五化共振”背景下不可阻挡的历史必然。可是，我的感性同时也告诉我，乡村，作为我们的祖先长期生活的场所，它所积淀与构成的集体记忆，是我们内心最柔软的角落，它应该是我们珍而重之地收藏在内心的所在。乡村的没落，不是我们想要的。

我们想要的是，让乡村与时代共同成长，让我们有一个看得见的家乡，望得见的未来，守得住的过去；让乡村成为我们连接过去与现在，以及展望未来的平台；让身体与心灵，都能在故乡栖息，在传统与现代之间，随意切换。都市里疲惫的灵魂，可以在乡村休憩，在乡村里养足了元气的灵魂，可以借助现代科技，飞得更高、更快、更远。

我想，这不光是我的梦想，也是大多数人的梦想，还是时代的梦想。

## 看客出城来，万亩梨花开

桂中柳州，工业重镇，顺着322国道，出了戈茶屯，穿过鬼子坳，再过古城寨，越过卧龙岩，就到了柳江县里高镇坡皂屯。坡皂屯——一个城市的后花园，背靠青山，环绕绿水，安静祥和，诗意满眼。远离尘嚣却接壤“现代”的小小黄姓壮族村落，一个会蛊惑你的地方，一个诗情与画意的所在。

“春赏梨花，夏品青梨，秋摘蜜瓜，冬摘蜜橘”，这个村庄在四季里，会变换不同的着色。

春天的主打色是白色。

温柔的春风开始吹来的时候，“盼望着，盼望着，东风来了，春天的脚步近了”。梨树们像是听到了这优美深情的呼唤，先是结出鼓鼓囊囊的花骨朵，再然后，“忽如一夜春风来”，环绕在坡皂周边的梨园，就铺陈上雪的色彩，这个小小的村落，就幸福满满地淹没在一望无际的玉树银花里，千树万树的

梨花开放的时候

梨花如团团白云，似雪海琼涛，整个村庄，瞬间就被装点成冰清玉洁的世界。

这朵朵梨花构造的如梦似幻的雪景，引来了勤劳的蜜蜂，也引来了如潮的游客，带着鸡块，人们络绎不绝地驱车前来观赏梨花，在梨树下与花争艳，蜜蜂采蜜的嗡嗡声与鼎沸的人声交相辉映，各自忙活，城里人在梨园里打红薯窑，品土鸡，不亦乐乎地又饱眼福又饱口福。

这份不打折的欢乐，这铺天盖地的美好，已经成了坡皂屯的一张光彩照人的名片，成了坡皂独具特色的旅游品牌，成了柳江县"十里画廊"的一颗明珠。这一年一度的盛大狂欢，每年吸引的人次达10万之众。2014年3月，万人出城赴里高，共赏万亩梨花开的情景也上了央视新闻。说到自家门口的梨花，坡皂人都自豪地说："我们的梨花，可是上过央视的。"

夏天的主打色是绿色。

上过央视的梨花在花的美丽之后向世人奉献了果实的美丽，当一个个俏皮饱满的青梨吵吵嚷嚷地挂满枝头的时候，也是坡皂人忙着采桑喂蚕之时。那时的坡皂人最是忙碌：水稻要照顾，青梨要照顾，还有那可爱的蚕宝宝也要悉心照顾……虽然忙碌，但是他们是欢喜的，脸上的笑容充实而安心。

秋天的主打色是金色与红色，金色的是水稻，红色的是梨园，经霜的梨叶，红得和枫叶一样好看，当然，红枫，咱也有。

冬天到来的时候，坡皂人换个姿势继续欢乐着，赏过梨花，品过青梨，收过了水稻，吃过了蜜瓜，掐指一算，又到了摘蜜橘的好时节了……

这个有160户、550人口的小小村落有足够的底气支撑欢乐的生活。村屯耕地面积1105亩，水田355亩，旱地750亩，桑园面积200亩，青花梨700亩。屯内道路硬化率达100%，建有篮球场一个，闭路电视入户率98%，改厕入户率达97%，新农合参合率98%，新农保参保率99%。这些实打实的硬件保证，加上种植青花梨，种桑养蚕带来的不小的人均纯收入，坡皂人的日子，宛如村头的那棵柿子树，红红又火火，过得踏实舒心又惬意。

## 垃圾外包，定点清除

作为里高镇78个屯的清洁典范之一，坡皂屯也曾经有过不光彩的历史。回忆往昔，在清洁乡村活动开展之初，坡皂和其他大多数农村一样：村道无人清理，垃圾、牛粪遍地，垃圾的处理方式基本都是倒进河沟里……

为了改变千百年来村民的卫生观念，柳江县清洁乡村工作组通过宣传车和文艺会演，到村入户开展宣讲，走访，调研，谈心，同时集中清运垃圾，村民们实实在在感受到清洁的环境带来的居住环境的改善，慢慢地自觉做到了将垃圾定点存放并给予分类。如今的坡皂屯，道路干净整洁，绿树绕村，环境优美，竟让人有踏进公园的错觉。传统老房子模样虽老，气质依然，岁月赋予它沧桑过后的平淡，与新建的砖石结构的房子混搭在村庄里，像一个四世同堂的大家庭，叠加出一段乡村时光的云烟往事。

陶渊明如此描写他的理想国：

> 土地平旷，屋舍俨然，有良田美池桑竹之属。阡陌交通，鸡犬相闻。其中往来种作……黄发垂髫，并怡然自乐。

比照坡皂屯，它几乎完美地再现了陶公的美好愿景。

老 墙

移步换景，坡皂屯是生长在诗里与画里的，它的每一处风光，都能与文学作品里的某一个场景完美吻合，坡皂那环村的湿地，尤其引人遐思。它的清晨，它的傍晚，它的晴天，它的雨季，它的春天，它的夏日，它的秋景，它的冬日，它的阳光下，它的月光里，半月之时，满月之时……全都是诗。

这块土地，就是在用最直观的语言告诉你，人，本来就应该如此诗意地栖居。

冬天，是这块土地最最美好的时刻，它不光是坡皂屯人的家，也成了远方客人的家。每年冬天，当北方草木凋零的时候，白鹭不远万里飞来这丰美的所在，当大片白鹭飞翔的时候，又是一场堪比春季赏花的盛事隆重登场，那是摄影爱好者们纷纷按下快门的时刻，也是远方的客人，用自己优美的身影，向这片土地致敬的时刻。

坡皂处处是诗情与画意，这话，在小小坡皂的水源地，也得到了很好的

水源地

佐证，这个水源地，安静地处在村落的另一头，仿如徐志摩笔下的康桥，河岸清柳，水中青荇。可爱的鸭子，不知疲惫地在水里嬉戏，阳光透过层层树影，斑驳陆离的影子，就是一首慢生活的赞歌，清脆的鸟叫声远远地传来，风起了，树叶“沙沙”作响，攀附在篱笆上面的藤蔓零星开着花骨朵……静坐凉亭，无所事事地看看山，望望水，看那些可爱的鸭子，变换了一个又一个队形，就可以消磨一个下午的时光。此刻，宁静与平和充盈内心，万千琐事，随风而逝。

生活在坡皂，是有福的。秀丽的山水，葱郁的梨园，清新的空气与水源，借助现代科学技术，将人从繁重的体力劳动中解放出来。又因为有了传统模式的选择性保留，可以凭一颗不急不躁的心，保持着纯朴的生活方式，晚饭过后，挽着家人的手，在诗意的湿地旁漫步……

坡皂，既朴拙又典雅。 ■

梁雪珊 / 文　康祝庆 / 摄

# 收获幸福

## ——柳江县成团镇龙山村戈茶屯

以戈茶屯为起点的步道规划，将带动沿线50多个村屯共同致富，受益者是这片地区的父老乡亲，清洁乡村不仅改变人居环境，也为年轻人缔结美好姻缘。

### 乡约·藕遇

戈茶屯，因古时村头西南方向一弄场专门种植油茶，满山花团锦簇，果实累累而得名。位于322国道旁，距县城10公里，距柳州市20公里，交通十分便捷。

2015年5月20日，在这个被当下的年轻人解读成“我爱你”的日子里，《广西日报》一篇题为《筹建乡村绿道，串起沿途景点》的文章，为戈茶描绘了这个小小村落一年后的远景，这个梁姓族人聚居的壮族小村落，据说将会是一条休闲绿色景观的起点。这条距离柳州最近的乡间休闲绿道，名曰“乡约·藕遇”，集中了骑行、步行、牛行、马行等等以慢为特色的行走方式，长约10公里，也将是广西第一条特色乡村休闲绿道。这条乡间休闲绿道的沿途，会种植三角梅、杜鹃花、蔷薇、月季、大波斯菊等等观赏花卉，到那时，这些美美的花儿组成的花带将花开四季，轮番呈现出天女散花的主题美景。

文章的最后逸兴遄飞地写道——

“乡约·藕遇”生态乡村示范项目正是依托百朋下伦“荷塘月色”现代特色农业核心示范区的辐射和引领作用，在绿化美化、产业发展、基础建设等连片打造方面做文章，发展农业观光、环都市生态休闲旅游业，推进沿线村屯三产发展，增加农民收入。项目实施后，将在一两年内带动核心示范区周边的拉堡、进德、成团、百朋 4 个乡镇 50 多个村屯 3 万多个群众共同增收。

那时，您可以带着家人，约上朋友，一起去骑行，一起去徒步，一起去坐牛，一起去骑马，让心情放飞。当乡间的田野气息扑面而来的时候，有葱茏的绿树为您洗肺，有鸟语与花香为你洗尘，慢慢地陪着家人和朋友走在路上，享受宁静的慢时光，让发现的尖叫声四起，让老人回忆过往的时光，让孩子有一个天然的生态教室，让自己因为有这样一个阖家老少齐欢颜的画面而微笑，

戈茶全景

让幸福把您包裹……那时，您的幸福不是一个人的幸福，而是一群人的幸福。

柳江县在下一盘大棋，戈茶屯是这盘棋里幸福的一颗棋子。

如果您嫌一年后的幸福生活太远，那么，我们说个近的。

2015 年 9 月 14 日，29 岁的戈茶屯居民梁明与 21 岁的来宾姑娘莫翠柳喜结连理，双双到柳江县民政局进行了结婚登记。喜结连理不是新闻，新闻的重点是：媒人是“清洁乡村”和“生态乡村”。

这话从何说起？还是听听故事的主人公是怎样说的。

2012 年，梁明谈了一个同在柳江县的女朋友，满心欢喜地将女友带回家让父母亲过目，结果女友大失所望。“她看到村里处处是牛粪，路坑坑又洼洼，走起来一脚高来一脚低，留下一句‘这样的地方哪里住得’，就头也不回地走了。”故事的主人公梁明回忆三年前的往事，还是有点遗憾，不过也能理解，“那时的戈茶屯家家都养有几条牛，村民也乱扔垃圾，所以村里乱糟糟的。”

现在，戈茶屯人打了漂亮的翻身仗，郁闷不再，底气十足。去年，梁明再次将女友，也就是现在的妻子莫翠柳带回家的时候，心里还是有一丝忐忑

不安的。小莫随男友回家，一看村头田野茂盛，道路整洁，河水清澈，杨柳依依，当即芳心暗许。梁明一颗忐忑的心，这才落地。

现在，在大家的祝福声里，梁明安静地等待着即将到来的大婚，去年新建落成的 110 平方米的二层砖楼，将是他与小莫的家，他还买了一辆崭新的五菱面包车，为未来的幸福生活，做好了充分的准备。对今后的生活，他信心十足。

优美的环境带来的好事不止这一件，由美丽环境促成的姻缘也不止这一桩。自从 2013 年开展“美丽广西·清洁乡村”活动以来，戈茶屯乡村建设与扶贫攻坚相结合，成效显著。整个村庄由以前破破烂烂的烂泥路到全是光洁平整的水泥路，由人见人嫌的旧农村变身到人见人爱的小花园。仅仅两年多的时间，戈茶屯的改变有目共睹，就像灰姑娘凭借着一辆南瓜马车逆袭成王子的真爱，戈茶屯也借着“美丽广西·清洁乡村”的东风实现了华丽蜕变。外来的女孩一到戈茶屯，也像小莫一样，很快就下定决心嫁进来，在这个山美水美人勤劳的村落里展开幸福人生。年初结婚的 48 岁的村民何宏叶，即将结婚的“老光棍”58 岁的何以吉，都是美丽环境牵的红线。在我们实地采访的过程中，已经有四对新人即将举办婚礼。

梁明家

美丽的环境成了最最给力的红娘，美丽的环境成了居民最大的福祉之一。这是多么棒的事！

说到美丽环境带来的无穷好处，柳江县乡村建设办公室主任孙梅林有一肚子的故事可以分享。三年前，戈茶屯没有一条硬道，晴天一路灰，雨天一脚泥，是戈茶屯道路的真实写照；我们今天看到的文化楼，前身是一片臭水塘；今天让我们赏心又悦目的环村河道，那时是居民的垃圾排放沟，河面上，水葫芦与垃圾同在，村民们一边嫌弃同时也在一边破坏；由于没有形成一个统一的认识，村民垃圾的排放极为随意，居民与居民相连的道路上垃圾随处可见；部分先富起来的村民建的钢混新屋被破旧的泥砖房簇拥着，虽是新颜，也透出旧貌。那时的戈茶屯，有新房却无新气象，更谈不上新农村。总而言之，“脏、乱、差”是那时戈茶屯的特点。

“美丽广西·清洁乡村”活动开展以来，龙卷风一样地在戈茶屯涤旧迎新。在戈茶屯里，一块大大的宣传墙记录了戈茶屯“拆掉祖宗屋，奉献公共绿”的壮举，在这一唱一和的极富壮家特色的山歌里，戈茶屯人用质朴生动的语言颂扬党的十八大，颂扬清洁城乡的有利成果，颂扬工作组创新性的以树代奖绿化村屯的举措，颂扬卫生治理后的幸福生活。这些由村民自发创作的曲调，随着村民日常的传唱互答，随着村里的鼓乐队，广而告之。

说到戈茶屯“拆掉祖宗屋，奉献公共绿”，不能不提到一个人——屯干部梁贵井。是这位第一个吃螃蟹的梁家人，自己动手拆掉还在用的旧砖房以后，将更多的梁家人也带动起来，纷纷效仿他将老屋拆除，整理出场地后种植草坪或栽上绿树，将旧宅变成了绿地。

另一位梁家人——梁五七，这位土生土长的戈茶人，亲自动手拆除自家的废弃旧房及庭院旧墙，连自己女儿当天的婚礼都未参加。两位梁家人的壮举，成了全屯的典范，上了各级美丽办的工作报告。戈茶屯人拆旧屋奉献的绿地，种上了工作组向村民发放的果树苗木，这些苗木，由村民自行种植在自家的房前屋后，自己管理，长成后归村民所有。以树代奖的方式既切合了政府改善生态的大需求，也照顾到村民的切身利益。因此，得到了村民最大程度的拥护与推广。

当然，戈茶屯也不是一味不分青红皂白地乱拆旧房，对自己老祖宗留下的好宝贝，戈茶人小心翼翼地保留着，那些筋骨强健的老房子，与新的砖混结构房子一起，见证着戈茶屯的过去与现在。

2013年，戈茶屯“以树代奖”推进清洁乡村绿化工作的先进事迹荣登《广西日报》头版报道，戈茶屯作为清洁乡村工作的示范点，代表柳江县接受自治区党委副书记危朝安、柳州市委书记郑俊康等领导的视察，“以树代奖”的办法获得了危朝安副书记的高度赞赏并批示推广。2014年，戈茶屯还荣获了自治区“清洁乡村·百佳村屯”称号。戈茶屯完美地实现了多赢的格局。

今天，我们踏进戈茶，去实地见证这个已经被媒体连篇累牍地报道过的明星村落，一踏入村屯，果然是“夭桃灼灼，杨柳依依。见燕喃喃，蜂簇簇，蝶飞飞……”的美好意境。对这个明星村落，之前来采访过戈茶屯的媒体无一例外地用了诗意美好的词汇来形容，2014年11月4日《柳州晚报》的标题最为诗意——《栽花种果新时尚，清泉倒映草木香》。

请允许我引用这个诗意标题下媒体的报道，他们这样描述那时他们看到的戈茶屯——

老宅

入村的道路平坦而宽阔，右手边是鳞次栉比的小洋楼，左手边则是绿草如茵的草坪，似一片翠绿色的地毯，一直延伸至河边。板石砖铺砌在草坪中，形成一条休闲长廊，河堤两岸柳树低垂，微风拂面，坐在亲水平台的石椅上，可以感受弥漫着草香的清新空气。

媒体的赞誉之外，本屯村民的赞誉也亮点闪闪，“门前绿水春常在；屋后青山色永存”，52岁的村民梁加高家门前挂着的这副对联，正诉说了村屯舒适而宜居的生活环境。

今天我们看到的戈茶，诗意依旧，也有变化。几个男人，正在环村河道上张罗一座小桥。孙梅林主任尤其郑重地向我们介绍其中一位汉子：这位原本在外打工的村民，在看到自己的家乡变得如此漂亮迷人之后，拒绝再外出打工。现在，他除了打理自己的日常事务之外，全部时间与精力，都投入到这座桥的建设里来了。为了自己这个留在家乡的选择，他每年要损失个三五万元收入。我的这位本家大哥，在听到孙主任如此隆重的介绍之后，腼腆地笑着：“其实也没什么的，这里是我的家，把自己家打扮得漂漂亮亮是天经地义的，自己的家首先是自己住，干净漂亮住着舒心畅意，人家看着也过瘾嘛。”

河的这一头，建桥正酣；河的那一头，也热闹非凡，几位农妇，正在利用戈茶屯独有的“戈茶闷”洗衣服。“戈茶闷”是戈茶人对自家门口的泉眼的昵称，整个村屯，一起有五六眼“戈茶闷”，是从前村中的主要水源，也是村中的宝贝。最为神奇的是，从立村以来，闷泉从未干涸过，且冬暖夏凉。现在，这几眼清泉正汩汩冒着水泡。这些农妇，贪恋着清澈的泉水，也贪恋着聚在一起说笑的好时光，洗衣的过程也是社交的过程，一群女人，在这里共话家常，交换家长里短，洗了衣也洗了心，这样的氛围，城市人在麻将桌上实现，戈茶人的方式，别具一格。

据孙主任说，几天前，她也在我们今天站的这个地点，向北京来的一个摄制组介绍戈茶屯，北京的客人别的不说，先是感慨：你们真是奢侈，拿山泉水来洗衣服。这时不知是谁，小声嘀咕了一句：我们还用它来冲厕所呢。

在这些低头洗衣的农妇上方，是村屯新近修建而成的小凉亭，凉亭名为“和谐亭”。

闷泉边的洗衣女

## 戈茶人民有远见，村里聘个保洁员

告别了忙于建桥的本家大哥，又见到了另一位本家歌王大伯，这位村里的壮歌王，见到我们，知晓来意，顾不得太阳当头照，扶着自行车就向我们展示宣传栏上的戈茶新歌《村里聘个保洁员，清洁做好得奖树》，歌曰——

现在哪看一块钱，
掉在路边懒得捡；
钱少看你怎么用，
戈茶人民有远见。

一人一月两块钱，
村里聘个保洁员；
从此村里大不同，

水清路净人安然。

戈茶人民有远见，
村里聘个保洁员；
如今你来戈茶看，
清洁乡村换新颜。

总讲农民私心重，
如今硬是大不同；
清洁乡村进戈茶，
屯里立马就行动。

清洁乡村要绿化，
绿化美就美了家；
旧屋无偿拆了去，
种上树来种上花。

清洁做好得奖树，
政府硬是想得远；
屯里到处种上树，
子孙万代都看见。

一曲既罢，还不过瘾，还要再唱。于是，还没完全定稿的戈茶屯屯歌，我这个外来者，倒是有耳福先闻为快。这个典型的壮族梁姓村落，用最朴实的山歌，唱出自己美好的今天与未来。

作为柳江县 50 多个村屯中的一个，戈茶屯早已离戈茶——专门种植油茶而得名的本意相去甚远，可是，劳动致富的初心，始终未曾改变。柳江县，这个举世闻名的“柳江人”遗址所在地，也是广西唯一一个获得外贸出口权的县，早就为戈茶屯，以及在这片土地上的其他兄弟村屯，准备了一盘大棋。

柳江县处在北纬 23°54'30"—24°29'00"、东经 108°54'40"—109°44'45" 之间

的地理位置，造就了典型的亚热带季风气候，日照充足，雨量充沛，温度适宜，四季常绿，农业生产自古以来就极其发达，盘点过去，柳江县的成绩单一直在拿高分。作为柳州市的鱼米之乡，柳江县内的无公害大米基地，无公害农牧业生产基地，双季莲藕、葡萄、青花梨、生姜、蔬菜生产基地，一直是柳州市菜篮子强大的后盾。柳江县响当当的数字背后是戈茶屯人以及戈茶屯这样的兄弟村屯努力的成果：2014 年，柳江县双季莲藕栽种面积 5.3 万亩，总产量 7 万吨，总收入 3.5 亿元， 不光满足了柳州市广大市民的菜篮子需求，还走向全国，远销东南亚和美国；双季葡萄种植面积 4.5 万亩，挂果面积 2 万亩，总产量 3.5 万吨。

戈茶屯正是这些数字的创造者之一，依靠着柳江县的大规划，戈茶屯近年来以葡萄、蔬菜、草莓等特色高附加值农业生产为主，着力实施农田测土

戈茶一瞥

配方、葡萄园肥水一体化滴水灌溉及蔬菜套种等现代农业促进项目，目前，全屯葡萄种植达 800 多亩，草莓种植 100 多亩，套种蔬菜 900 多亩，每亩土地一年可收入 2 万多元，品质优良的特色产品深受市场青睐。全屯 143 户 602 人，一年四季无淡季，村民们春夏季种葡萄，秋冬季种丝瓜、苦瓜和莴笋，瓜棚还种上了大白菜。曾经让梁明前女友望而却步的处处牛粪，随着农业机械化的推进，已经淡出视野。村民们在葡萄园、草莓地和瓜棚里收获着幸福的生活。由于交通便利，每天，会有经纪人进村收购瓜果蔬菜，戈茶人卖果卖菜都不用出村，足不出户就把钱给挣了，很少有人外出打工。

戈茶屯全屯每年人均过万元纯收入，是柳州市“十佳人均万元水果村屯”得主，戈茶屯人在家里挣到的钱，并不比外出到发达地区打工的收入来得逊色。

足不出户就把钱给挣了，这话，足够让一个背井离乡辗转他乡的游子潸

戈茶屯晚霞

然泪下。如果可以，如果可以在自己的家门口挣到足够安居乐业的钱，谁又愿意抛家弃子地远离故土？谁又愿意让自己年迈的双亲在自己的目光之外老去？谁又愿意让自己的妻子独守空房？谁又肯让自己年幼的孩子在没有父母亲的照顾里成长？在戈茶屯，看到青壮年安静地从自己家门进进出出，照顾自家蔬菜瓜果的同时也照顾自己的家人，实在是件很棒的事情，见多了凋零的村庄与强颜欢笑，戈茶屯人的孩子，放心地依偎在母亲身边，安静的笑脸尤其地美好、温暖与舒心。

现在，紧邻着工业重镇柳州，柳州发达便捷水陆空三线俱佳的大背景，也成为柳江县的突出优势，美国康明斯、中国重汽、香港毅德、碧桂园等国内外知名企业纷纷抢滩柳江，柳江县未来的本钱更雄厚了。对于戈茶屯人来说，五星级高品质的人居生活与居住环境，现如今，已经被他们稳稳地攥在手心里；他们还盘算着在自家房前屋后种上更多的花，养上更多的草，以微田园、微绿化、微经济、见缝插绿的绿化思路，打造更美的“村在林中，院在绿中，人在景中”的美好家园。这个被危朝安副书记高度赞赏的明星村屯，以“最富活力”的面目，向着未来，进发。

这是戈茶屯在美丽环境之外的又一个大福祉。

快要离开时，负责拍摄的康老师悄悄地对我说，这个村屯不简单，一般来说，村落都是坐北向南，这个村落独辟蹊径坐南向北，你看，这村庄周围的山势，状如五指，村落刚好就在掌心之内，将来，这个村庄，一定会出大人物的；再就是，你看，村庄里的闷泉，如此清澈见底，你想想，这风水，是得有多好？

我相信，这个村庄的未来，一定不简单。■

梁雪珊 / 文　康祝庆 / 摄

# 银饰美，禾花香

## ——融水苗族自治县香粉乡雨卜村

苗家素来盛产能工巧匠，刺绣蜡染，唢呐洞箫，无一不精，展示出乐观开朗的民族秉性，雨卜村的银饰制作，工艺之讲究，图饰之精美，令人耳目一新。

### 苗族的银饰文化

雨卜村，位于香粉乡中部，距融水县城38公里，行车需要70分钟。国家3A级景区，地处元宝山南麓，海拔600米，以苗、侗为主的少数民族聚居村，其中苗族占全村总人口的95%。安静而质朴。

任是再好的车在奔驰，再好的司机在驾驶，也需要在38公里的蛇形公路上扎扎实实地耗上70分钟时间，老老实实地将平均时速控制在30至40码——弯曲且狭窄的山路是速度不能提升的重要原因。这个简单的数据足以说明，即使在动不动就飙速度与激情的网络时代，到达雨卜村，依然是需要付出时间与耐心的。

只是，我不想抱怨路途上所花的时间，乡间旅行的真义本来就应该是让都市里快节奏的生活缓慢下来，以一种不急不躁的心情悠然地呼吸与放松，而

雨卜风雨桥

民间工艺馆
电话：13481987528
水急禁止游泳

桥头蔷薇

雨卜小景

不是急急忙忙地驱车前往，在某个所谓的著名标志物前比个剪刀手，咔咔咔地来上几张自拍或者相互拍上一组，再发到朋友圈里昭告天下本人到此一游。

更何况，这条可爱的道路两侧有连绵的竹海，高达80%的植被覆盖率，完全可以让穿越这条弯弯曲曲的蛇形道路的过程，成为旅行中最可珍贵的回忆之一，一个在天然大氧吧里穿行的回忆——超高浓度的负离子制造的清新空气，随处可见的茂林修竹，路途上的清泉潺潺，在清洁的空气与清洁的水源已经越来越稀缺的今天，是如此地珍贵与难得。

当然，也应该有另一个路径，能够将速度的优势发挥到极致，让山内外的物资可以流畅地进出与流通，如此，快或者慢都可以由心而选。

去过三江，见过了风雨桥如此密集地呈现，再看到这座位于雨卜村村口的风雨桥，眼前还是不禁一亮，和三江民居里连接这村与那寨，在农忙时节还要发挥仓储作用的风雨桥相比，雨卜村风雨桥只需要承担联通的作用就可以了，这座风雨桥水量之充沛，水质之清澈，就先让人心生欢喜，看着那清亮亮的山泉水汩汩奔流，都要想做一条鱼儿，自由地在其间戏水了。

雨卜风雨桥造型上的优美繁复程度远不及程阳风雨桥，可是，桥头的那一丛蔷薇，早已轻松地将风光占尽。

桥的这一头，是蔷薇带来的惊喜；桥的另一头，还有一个更大的惊喜！

马贵兵工作室，在桥的另一头等着你。

马贵兵，一个身形纤细与眼神敏感的男子，17岁出道至今获奖无数的工艺美术大师，家族的第三代银饰制作传承人，在这里开了一间苗族民间工艺馆，同时也是他的工作室。

走入这间小小的工作室，便掉进了苗银饰的无穷魅力里，深呼吸。

苗，一个崇尚美的民族，他们愿意把家里所有的财产统统换成银子，然后，再将这些银子交给银匠，让他将自己血汗换来的银子投入熔炉，锻造成丝，编制成花，錾刻成衣，变成美美的银花、银铃、银项圈、银帽子，以及各式各样的银饰品或者生活器皿。

苗族民谚说："无银无花，不成姑娘。"苗家亮闪闪的银饰品，无一例外是苗家人一代又一代接力传承下来的宝贝，常常是，在苗妹尚处年幼的时候，家里就开始为她逐年打造银饰，一年积一点，存放在专门的木箱里珍藏。等

马贵兵的苗族银饰作品

到姑娘长大，一个标准的苗妹的银饰，可以重达二三十斤。

每逢重大节日，各家各户的苗妹们就把全部家当披挂在身上，花枝招展地呼朋唤友一起出行，坡会上，芦笙节上，每一个重大节日，都是苗妹的舞台，亮闪闪的银饰，精心刺绣的衣服鞋帽，脸上自信的笑容，无一不是展示的内容。向姐妹们展示，向英俊帅气的苗哥哥展示，也向全世界展示自己的美。那是一首无声的诗歌，是一份对美好生活的爱的盛大呈现。

在这样直观的比拼中胜出的苗妹，就是全场注目的焦点，就是各种眼神逐一抚摸的对象，就可以骄傲地与最最帅气的芦笙王并肩而面有得意之色。

与其他同样喜爱银饰的兄弟民族相比，苗妹银饰的最大特点是头饰上有一对飞翔的翅膀，那大大的翅膀，又称为银角，有冲天之势，看得人咋舌不已。

苗族银饰以大为美，以重为美，苗族大银角几乎为佩戴者身高的一半便是最最令人信服的佐证。堆大为山，呈现出巍峨之美；水大为海，呈现出浩渺之美。苗族银饰以大为美的独特认知，从美学角度来看是很有道理的。

苗族银饰上还呈现出“多”的艺术特征。很多苗族地区佩戴银饰讲究以多为美。耳环挂三四只，叠至垂肩；项圈戴三四件，没颈掩颔；腑饰、腰饰倾其所有，悉数佩戴。特别是清水江流域的银衣，组合部件即有数百之多，层层叠叠，呈现出一种繁复之美。

这种炫耀意识的物化在其他民族那儿也有见到，不过，都不及苗族这么强烈而令人震撼。

在马贵兵师傅的工作室里，苗家的各类银饰品林林总总地挂在工作室的各处，有传统的苗族银饰品，银角，银帽，银围帕，银发髻，银插针，银花梳，银耳环，银手镯，品种繁多。

马师傅正在修复一根断裂的银链。他仔细地把断开的银链子摆放好，小心地控制好乙炔枪的火候，煅烧，让断开的银链子重新连接上。当他聚精会神地工作的时候，这间工作室里，充溢着柔和的光芒，仿佛苗家上千年来在与银这种洁白的金属耳鬓厮磨所凝结的智慧，此刻，正如同月光一样，温柔地照耀着我们。

除了银饰品，苗家服饰的精美程度，和他们繁复的银饰相比，有过之而无不及。苗家女子的服饰，也是不厌其烦地在衣服的各个部位上，用巧手精心制作。

与江南的苏绣以及湖南的湘绣相比，苗绣保持着中国民间织、绣、挑、染全套传统工艺技法。在实际运用中，往往在运用一种主要工艺手法的同时，穿插使用其他工艺手法，或者挑中带绣，或者染中带绣，或者织绣结合，从而使整个成品花团锦簇，流光溢彩。

苗族服饰还承载了传承本民族文化的历史重任，从而具有类似文字的表达功能。苗族是一个没有文字的民族，苗家女人靠世代口传身授，将自家祖先流传千年的故事，先民居住的城池，迁徙漂泊的路线等点点滴滴，一针一线绣进自己随身穿戴的衣冠服饰里。

学者们有连篇累牍的论文考证每一个苗民族分支里各种花纹的具体含义，并最终得出结论：一件苗妹服饰流光溢彩的美图背后，是苗族人民的感性经验和对客观世界的解释；一件经典的苗民族服饰，就是一件穿在身上的“无字史书”，世代“穿”承，永不忘怀。

当一个盛装的苗妹站在你面前的时候，她身上的银饰、衣饰，无一不具有含义，无一不是历史的传承与发展。她，就携带着一部史诗，站在你面前。

我们也常常会在旅行的时候带一些富有当地色彩的东西回家做个念想，

苗族服饰

路灯与吊脚楼

那些远离故土跟随我们回到都市的民族饰品，总是像离开土壤的鲜花，瞬间就失却了光彩。而马师傅的工作室，将民族元素极其克制地运用在现代新潮的包包上，那些古旧的绣品，或者手工打造的把手，与新潮的包包，宛如勾兑过的好酒，水乳交融在一起，可以无障碍地穿行于都市，让人眼前一亮。

苗家乐器——果哈，是一种形似小提琴的苗琴，用泡桐木做琴身，棕丝为弦，果哈与其他民族弓弦乐器最明显的不同之处，就是要以人的唾液代替松香润弦。演奏者在演奏时将弓毛放入口中，以唾液增加湿度，加强弓弦摩擦，使之发音。果哈的柔美音色婉转动听，表达苗家独有的欢乐或忧伤。

自在嬉戏的鸭子

未进雨卜村，村口的风雨桥与马贵兵师傅的工作室就先声夺人地让我们对苗民族，对我们即将进入的雨卜村，充满了期待与向往。

踏进村庄，果然被惊艳到了，俨然私家花园的做派。现代化的路灯瘦瘦高高的身形与古旧的吊脚楼两两相望，水泥路面干净平整。这个小小的村落，戏台，球场，一应俱全。站在低处，抬眼就是错落的吊脚楼安静的身影；站在高处俯视，满目的田园风光尽收眼底。

## 丰收节，禾花约

时值金秋，雨卜与几乎所有的苗家村寨一样，迎来了一年里最为隆重的节日之一——金秋烧鱼季。

每年稻田插秧之时，苗家人会将禾花鱼鱼苗也同时投入田中，与日渐长

水　源

高的稻谷同生共长。稻谷掉落的稻花是鱼儿的美食，鱼儿的粪便是稻谷最佳原生态肥料。这样一来，每一片稻田，都同时是一个鱼塘，这般绝配组合在金秋时节转化成了巨大的喜悦。

当稻谷金黄灿灿惹人喜爱的时候，鱼儿也长成了手掌大小的红尾大鲤。在过去的慢时光里，苗人在稻谷收割之后，再在田间地头将烧鱼祭祀仪式珍而重之地举办，稻田就成了苗家全民狂欢的主场地。男女老幼齐齐下田去捞鱼，肥美的鱼儿在田里与人类的双手捉迷藏，强壮的尾巴把泥水溅得到处都是，可是，谁会去在意这些呢，欢叫声此起彼伏……

在田间地头直接架起一堆篝火，将鱼儿清洗干净，用特别的木棍串起来，就在地头烧烤，大快朵颐一番。苗家的山野间，多的是原生态调料，用苗家祖祖辈辈千年经验总结出来的配方，将调料一一切细，捣碎，调和，鱼儿在火上逐渐飘香的时候，调料也已炮制完毕。喝上一口家酿的重阳酒，蘸上一口苗家特制的调料，咬一口喷香的烤鱼，望一眼劳作一年的土地，看一眼心爱的姑娘……要不沉醉，很难。

现在，这一传统习俗已经随着现代旅游业的发展，变成了全民狂欢的模式，每当大地渐渐呈现出金黄的色调，城里人就会像最最多情的情郎，对着这苗乡的美味深情眺望，相互见面的时候，也常常要问："约不约?"

当然要约，约会这一年一度的丰收的狂欢!

其他的苗家美味也在这时次第登场：苗家糯米饭，用蒸而不是煮的方法来烹调，用抓而不是筷子来食用；苗家酸肉，直接从坛子里捞出来即可食用，或者剪成小块放在火上略烤，或者放在锅子里煎一下，总会有一种食用方法适合你，总会有一种味道，让你不能割舍；重阳美酒，看起来完全没有危险性，比苗妹还要清香软糯的模样，如果你醉过一次，要你好看！据说有人是从此再见重阳酒会心里发怵；最最不能抗拒的，自然是苗妹的笑脸了，那发自内心的笑脸，男女通吃，老少皆宜。

当一件事从新鲜转入平实，如何持续地保持吸引力，如何做到可持续发展，一定是需要深入思考的。现代旅游业带来的商业模式，如何不让一块土地发出沉重的叹息，这是一个问题。

已经不止一个地方因为商业化不够或者商业化过度而凋零了，雨卜的美好，使我特别不愿意这个美丽的村庄变成下一个凋零的地方…… ■

梁雪珊／文　钟康学／摄

# 桂林

G U I L I N

# 红岩村纪行

## ——恭城县莲花镇红岩村

红岩村的致富路，从推广沼气找到切入口，继而发展种植业和养殖业，让农民不必离开家乡，也能挣到钱，在自己的土地上找到金子和尊严。

### 走进生态乐园

恭城瑶乡是乐园，果子碰头又碰肩。住进红岩小别墅，胜过天上活神仙。

正是金秋时节，红岩新村里秋风送来阵阵花香果香。举目四望，果树环抱村庄，一排排整齐的别墅，青瓦白墙掩映绿树间，清清的莲花河横卧着风雨桥，滚水坝点缀着梅花桩，亭台水榭，流水潺潺，涟漪荡漾，两岸翠竹林立，垂柳依依，枫叶染红绿野。月柿熟了，挂在枝头，像一个个小灯笼，格外显眼。

进到村里，硬化的水泥路面通到各家门前，地上干干净净，没有一点杂物，更无鸡屎牛粪。鸡屎牛粪到哪去了？进到沼气池里沤沼肥了。这里看不到城乡差别，让人觉得好像进到城里的某一个模范社区。村头村尾，许多旅游者在这里游玩，或走或站，还有人躺在绿草地上晒太阳，一副懒洋洋的慢生活状态。一打听，除了桂林周边地区的市民，还有广东、湖南、江西等地的游客。游客们在这里吃农家饭，住农家客栈，观赏果园，赏野花，采野菜，揽山光水色，领略瑶乡风情。一群从广东自驾来这旅游的客人不断赞叹：这哪里是农村，比公园还好！

每到月柿节，村民们热情高涨，像拔河比赛一样，心往一处想，劲往一处使，形成合力。他们懂得一个简单的道理，村容村貌很要紧，环境好了，客人舒心了，人会越来越多；人气越旺，生意越好，全村家家户户都得好处，不是哪家哪户自己的事情。村里建起污水处理管道，污水和雨水分离，电线走地下，一来安全，二来也美观。村民门前三包，很是自觉。各家各户打扫门前和周围，随脏随扫，门前都种有瓜果树木。一些村民为了讨好游客，特地还种上葫芦瓜和柚子树，说是这种瓜这种树样子吉祥，许多游客很喜欢。

## 沼气真是好东西

沼气，是有机物质在隔氧条件下，经过微生物的发酵作用而生成的一种可燃气体，最先在沼泽中被人发现，所以叫沼气，成分是多种气体的混合物，主要成分是甲烷，还有二氧化碳和少量的氮、氢和硫化氢等。通俗地说，生产沼气靠的是“三个屁股一个坑”，三个屁股就是人粪、牛粪、猪粪，其实无论树叶菜叶剩饭剩菜，还有稻草、污水，凡是可以沤烂的有机物都行。一个坑，就是沼气池，池内把沤烂发酵的有机物放在沼气池内，微生物分解转化成沼气。

新中国成立之后，政府一直大力宣传推广沼气，提倡农村建沼气池，使用沼气。沼气的好处，三天六夜说不完，“点灯不用油和电，烧饭不用煤和

俯瞰红岩村

柴”，是节约型社会发展的方向。

恭城是全国沼气入户率最高的一个县，可谓沼气第一县，达到89%。恭城率先在全国搞沼气，实在是被逼出来的，简要说来，除了搞沼气没有别的出路。1983年以前，这个偏远的山区，不通火车，不通国道，不通高速，也没有通航河流，属于全区49个贫困县之一，人均收入仅仅266元。恭城人穷啊，盐罐无盐用水冲，油罐无油用火烘，一天三餐喝稀饭，一年四季白打工。

当时真是穷途末路，用柴火煮饭，年复一年，山林被砍光，封禁的水源林也被砍得七零八落，山头先是挨砍得像瘌痢头，后来索性变成了秃头。农民打柴，附近的都砍光了，只得越走越远，时常要花上一整天的时间，才能打回一担柴火，累得腰酸背痛。那个时候，砍一天柴火，要歇三天，人蹲下去，连站起来的力气都没有了。政府封山设卡禁伐，巡逻守山，都不管用，要煮饭就要烧柴，要烧柴就必须砍柴。据林业部门统计，森林砍伐以年均三至五公里的速度推进。不久，农民即使到远处的山里也无柴可砍了，只好挖

安详静谧红岩村

柿子熟了

树兜。最后连树兜也挖完了。这样下去，怎么得了？乱砍乱伐乱挖，树没有了，森林没有了，水土流失，生态严重破坏，你破坏自然，自然当然要疯狂报复！雨季洪涝灾害，旱季田地开裂，生态破坏了，粮食减产，虫灾，旱灾，三天两头，密密地来。即使有米下锅，也无柴火煮饭。村子里的人，吃水用水成了大问题，到很远的地方挑水，红岩村后的山上有泉水，但水流极细，每天人们排着长队一滴一滴接水。一天三担水，跑断两条腿，一天三餐饭，累得团团转。由于水源奇缺，人们连夜守水，一些村庄为了争夺水利山林，甚至发生集体暴力事件，社会治安恶化。

一天，有个村民挖树兜被发现，他振振有词，我不挖树兜不行，我要吃

红岩村一瞥

饭，吃饭就要煮，煮就要柴火，你要罚钱？我没有钱！

有什么办法？左也难来右也难，好比鲤鱼上浅滩。县委县政府领导班子研究后达成共识：除了搞沼气，别无出路。

但是，山歌好唱难起头，木匠难砌八角楼。瓦匠难烧琉璃瓦，铁匠难打钓鱼钩。建恭城县第一座沼气池，比原来想象的要艰难得多。

苦口婆心，宣传动员，县里负责赔偿人工费和材料费，还要把挖的坑填平。村民还是不肯动手建沼气池。

这也怪不得他们，烧柴火煮饭，几千年就是这么过来的。沼气？只是听说，没有见过，眼见为实，耳听为虚。

关键时候，黄岭村的黄光林站了出来。当年的黄光林四十多岁，有一股

红岩晨光

虎劲，村里人说他脾气犟，胆子大，牛角都扳得直。黄光林对村人们说，沼气硬是个好东西，1975年我就搞过，虽然技术不过关，没有搞成，但是还要搞，现在烧柴火已经不可能了，不搞沼气，吃生米不成？在技术指导下，日夜加班，不到一个月时间，建好了恭城县第一座沼气池。

当第一缕蓝光被点燃，恭城的生态农业之光也随之被点亮了。

为大力推广沼气，政府用政策扶持建沼气池的农户。农户缺水泥，政府提供水泥；农户建沼气池缺资金，政府给补贴；农户缺技术，政府请技术员

红岩风雨桥

来培训，每天每人补助误工费七元钱。有人说，七元钱太少了吧？要知道，县政府从囊中羞涩的财政抠出这些钱来，委实不容易了，再说七元钱一天也不少了，当时的农民年均收入也仅仅两百多元。

沼气培训，先是技术员手把手带着学员建沼气池，然后学员自己动手依葫芦画瓢建一个沼气池，检查验收合格了，就发给自治区能源办统一的《沼气技术施工证》，获得沼气施工资格。

1990年底，县能源办培训了沼气技术员1324人。这些技术员不仅自己建沼气池，还帮助乡亲们建。先是在恭城县境内，后来马山、鹿寨、雒容、德保等30多个县镇也来请他们。如今，这些技术员到了广东、湖南、湖北、河北、江苏、浙江、江西、云南、贵州等20多个省和东北地区的农户家里指导沼气技术，有的还走出了国门，到越南去传授沼气技术。

这些技术员是怎样从恭城走向全国的呢？沼液种出的水果是媒介，这些水果是无公害绿色食品。每到果熟时节，全国各地的水果商人趋之若鹜，来到这里拉货，问道，这么好的水果是怎么种出来的呢？红岩村的人如数家珍，一五一十讲了沼气的好处，水果商于是请他们去搞沼气。如今，恭城的农民沼气技术员形成了一支队伍，每到冬季农闲时节，就应邀去传授技术，指导建池。恭城师傅和恭城油茶、恭城月柿一样，都成了品牌。

## 沼气原料引发的生态升级

建设美丽乡村须有长效机制，光靠政府还不够，必须引进公司，2013年开展沼气池全托管业务，引发生态乡村再升级。什么叫全托管，简要说来，就是沼气池的进料、出料、维护全部交给公司来管，入网农户交钱用沼气，每立方米两元钱，四口之家每月开支大约50元左右。目前，恭城沼气全托管的有200多个村屯，签约农户5000多户。

村民们都了解垃圾分类的好处，可以节约资源，可以变废为宝，可以减少占地，减少垃圾量，可以减少污染。在红岩村，每个签约的农户门前都放着两个大大的垃圾桶，一个贴有红色标识，一个贴有绿色标识，前者是无机垃圾箱，后者是有机垃圾箱。

红岩村沼气建设如今走上了集约化、规模化、市场化管理的轨道。算下来，它比城里人用液化气便宜了三分之二，村容村貌也更加整洁宜人。村民有了统一的沼气供应，不用自己建池，节约了人工，也节约了土地，从一户到一村，从一村到一县，整个恭城县那该节省多少土地啊！

红岩村搞沼气利用，跟整个恭城县一样，走的是一条生态农业道路，以养殖为基础，以沼气为纽带，以种植为重点，形成养殖——沼气——种植三位一体的生态农业产业链，实现了三个良性循环：生态农业和生态保护的良性循环；养殖——沼气——种植的良性循环；经济——社会的良性循环。

卖柿饼

这就是得来不易的“恭城模式”。

随着生态农业进程的深入，社会与经济良性循环，迈向农业的龙头企业生态旅游文化业，红岩村三位一体的生态农业延伸拓展为“养殖——沼气——种植——加工——旅游”五位一体的现代化生态农业。

与红岩村一样，一些当年的贫困村如今一跃成为“生产发展、生活富裕、乡风文明、村容整洁、管理民主”的社会主义新农村。

县委宣传部何副部长向我介绍说，红岩村跟整个恭城县一样，大力发展沼气，赢得了五大效益——

一是卫生效益。沼气是一种清洁能源，红岩村通过厕所和畜栏改造，人畜粪便以及各种杂草入沼气池发酵，消灭了各种病菌，厨房无烟尘，厕所无臭气，改善了人居环境，卫生条件好，减少了疾病，保证了村民的身体健康。粪便垃圾生活污水等等都是沼气发酵的好原料，这些原料进入沼气池，病菌寄生虫卵等，在沼气池中密闭发酵后被集中杀死，蚊虫苍蝇不见了，农民消化系统疾病减少了。

二是生态效益。如果没有沼气，农民上山砍柴，涵养水源的森林遭到破

瑶家妹子丰收忙

坏，造成水源枯竭。发展沼气，解决了日益紧缺的能源问题，大家不用砍柴割草，树林保护了，林木生长了，草木茂盛了，水土不再流失，生态环境大大改善。这个生态效益，像打牌一样，有了生态这张主牌，就可以带甩出环保效益和能源效益等一连串的副牌。施用沼肥不仅节约农业化肥成本，还生产出无公害绿色食物。

三是经济效益。一个四口之家，建一个10立方米的沼气池，只要发酵能源充足，管理得好，除了点灯、煮饭，还可以用于温室保温，烘烤农产品，保鲜水果等。利用沼肥种菜种果，经济效益可观，据测算，一个沼气池每年可给农户带来直接节支增效1200多元。沼液还可用来喂猪养鱼，沼液沼渣可以用来给水果施肥，降低成本，提高农作物产量和质量，解决了燃料、饲料、肥料三者之间的矛盾，促进农业和畜牧业发展。大量的粪便进入沼气池发酵，沤制出大量优质有机肥料，施用这种肥料增强了土壤抗旱防冻的能力，提高了秧苗的成活率。

四是社会效益。沼气使乡村发生了深刻的变化，生活质量提高，农民过上了城里人的生活。过去没有施用沼气的时候，村庄之间为了争夺水利山林产生的矛盾，随着沼气施用化解了。青山常在，绿水长流，人与自然和谐共处，社会治安好转，社会稳定，民风淳朴，各族群众安居乐业。

五是劳动效益。农户上山砍柴，既辛苦又费力，用上沼气之后，从繁重的劳动中解脱出来，从烟熏火燎的传统炊事中解脱出来，节约了砍柴生火的时间和劳力，全县一年节约砍柴工130多万个，有了沼气，等于每个家庭增加了大半个劳动力。

21世纪以来，地球面临能源危机、生态恶化、资源短缺、环境污染、自然灾害频发等一系列问题，在能源、环境危机的双重压力下，可再生、低污染的生态物质能源日益受到世界各国的关注。沼气确实是个好东西，分布广泛、建设成本低廉，综合效益显著，尤其适合农村。恭城以生态为基础，经济与生态和谐统一的循环农业发展道路，是大势所趋。

在沼气蓝光的照耀下，社会主义新农村将成为巨大的生态乐园。

采访结束了，走出红岩村，已是傍晚。夕阳映照着郁郁葱葱的山峦。晚风飘飘荡荡吹过来，直吹到我的心底。一种久违的苍茫情感，渐渐弥漫上心头。

再会，恭城。再会，红岩。■

王布衣／文　李庆才／摄

# 平安有个社山村

## ——恭城县平安乡社山村

社山村山清水秀，有历史遗迹，有民俗文化，山歌，油茶，瑶乡婚嫁习俗等。具有动人的山区少数民族魅力，也是该村取之不尽的旅游资源。

### 上篇：社山村概况

恭城县平安乡社山村，地方不大，名气却很大。广西电视台在这里举办过趣味竞技栏目，中国平安保险公司在中央电视台播出的广告背景，就是在社山村平安桥拍摄的，广告中说："北京有个平安里，上海有个平安巷，陕西有个平安县，广西有个平安乡。"社山村的奇风异景，尤其是那座平安桥，给观众留下很深的印象。

平安，是人们的向往和追求。和顺添百福，平安值千金。

平安乡社山村有140户586人，其中瑶族人口超过半数，人均收入达7560多元。全村有沼气池135座，入户率达96%。社山村旅游资源丰富，有历史文化厚重的书童山，有颇具民族特色的社山古祠，有很多神奇的等待开发的岩洞，有清清的社山河。公共设施比较全，停车场、文化活动中心、灯

社山晨曦

光球场等一应俱全。

社山村的景观特色，既有瑶族特色，又有文化内涵，还保持了原生态，是富裕文明生态家园。人们来这里可以观赏文物古迹、田园风光，还可以领略瑶乡风情。

社山走到今天这一步，并不容易。1998年，社山村还是一个偏远闭塞的小山村，但是这里的自然景观，加上山区少数民族的人文景观，比如民风民俗、饮食文化、山歌油茶，真可谓色彩斑斓，是极有特色的旅游资源。

社山景观楼

要搞旅游，首先就要考虑到基础设施建设。当时县里动员群众发展文化旅游，脱贫致富，社山村的群众积极性很高，老百姓自己投工投劳，就拿河边的那些铺路的石头来说，为了到这河里捞石头，用这些美观耐用的鹅卵石铺路，干部和村民们半夜挑灯夜战，冒雨苦干，挨淋得湿漉漉的，有人感冒了也不在意，想到将来这里的旅游搞好了，就值得。当时想法很简单，环境治理好了，配得上这么美的风景，客人肯定会来。

他们研究分析了乡村旅游，要有这么几个要素：吃农家饭，住农家屋，

社山河景

进果园摘果子，骑马骑牛，体验农家生活，体验农耕劳作。凡是城市里没有的，城市里的人觉得新鲜的，就是我们文化旅游要搞的，比如民族歌舞表演，民俗的一些体育活动，包括竹竿舞、扁担舞等等，结果发现游客很喜欢。一传十、十传百，社山的名声延伸出去，许多游客慕名而来，这里的旅游一天天热起来了。

社山有了游客，也促使村民保护生态和改善环境。农民身份有了变化，特别是妇女，感觉自己跟过去不一样了，有了文化感，有了身份感，不像过去仅仅是普通的农民，现在是老板了。他们通过旅游，慢慢与外界接触多了，视野也开阔了，文化素质也随之得到了提高。

村民还自觉营造干净优美的环境，各家各户屋前屋后整洁美观，不光是要客人觉得舒服，还要吸引别人回头。种种改变给农民带来了实惠，也改变了他们观念，提高了他们的地位。

美国加州大学人类学专家拉本博士在考察了社山、红岩等村庄之后说，感受很深，在这里，中国农村妇女的身份置换了，家庭妇女由在家务农的身份变成了接待客人的老板和公关人士；这里的新农村建设，有效地拉动了乡村旅游，这种形式在西方是罕见的，西方国家只有景点旅游，没有这种自然环境结合乡村生活的旅游方式；这里环境优雅、美妙，人居环境非常适合休闲、度假、养生。但是，他认为最重要的是，建了新房，万万不可丢掉老房，一定要保护好古村落，老房子会给旅游带来很大机遇。

## 下篇：社山所见所闻

曾经，社山村也像一个虽然漂亮却蓬头垢面的姑娘，村里乱七八糟，厕所臭死人，屋外杂草丛生。为了改变脏乱差的村容村貌，村干部开了全村村民动员会，把村民的情绪调动起来，村民积极性很高，把村里的路、房前屋后、树木竹林等旧貌换上了新颜。

1999年，一个法国旅游团来到社山，就舍不得走了，说是见到了梦中的香格里拉。

2004年后，游客越来越多，吃土鸡，住瓦屋，看风景。游客不光喜欢这里的山水风光，还特别看得上我们村前村后的环村水系，说我们这里不得了，山好水好风水好，水绕村庄进财宝。

社山村人维护环境的意识非常强，在还没有生态旅游这个词的时候，他们便已经在做了，他们组织村民去阳朔、龙胜等地参观，看人家如何维护环境，如何待客。村民也懂得这个道理，如果到处脏兮兮的，对客人也不礼貌，对自己的心情和身体健康也是一种损害。

社山的旅游，是文化旅游，生态旅游。瑶族的民族文化，村庄的民俗文化，饮食文化，都可以拿来做旅游。生态旅游，就是给来到这里的客人享受自然，呼吸清新空气，享受宁静和谐，享受农家乐，享受田园。

瑶族景观桥是油茶文化的展示地点——油茶长廊。墙上贴有茶艺图片，

社山平安桥

社山村口

社山河堤

油茶长廊内景

介绍油茶养生知识。

一方水土养一方人，一方人吃一方食，恭城山区潮湿，冬天寒冷，油茶具有健胃消食、提神醒脑、祛湿避瘴之功效。恭城油茶2008 年被列为自治区级非物质文化遗产。

山歌唱道——

> 恭城油茶喷喷香，又有茶叶又有姜。
> 当年皇上喝两碗，给它取名爽神汤。

广西的油茶，以恭城为最，古时候称为爽神汤，今日称为养生汤。油茶，顾名思义，一定要放油，而恭城人用来打油茶的油，多为猪板油和植物油混

瑶族民俗演出

社山庙内景

合炼成的油，绝不用牛、羊油，那样会破坏茶味。油茶的统一制作方法是以老叶红茶为主料，用小锅捣碎（又叫打油茶），加入姜、葱、蒜，用油炒香，煮茶至沸。恭城有句俗话，“煮油茶，无巧法，只要水热茶锅辣”。

俗话说：“唱戏的腔，厨师的汤”。煮茶之汤水，很有讲究，不能用无味的清汤寡水，恭城人爱用猪骨头熬汤，将猪肝、瘦肉放入茶中去煮，油茶更是香味四溢。煮茶，用热水，不用开水，因为一来用开水煮油茶又烧开，人喝了无益，二来用热水易于生姜等味道的散发。放盐也要注意，要等油茶起锅时才放，放早了，油茶就会发黑，没有那金黄色的鸡汤般的模样了。喝油茶必须佐以各种小吃，多为香脆食品。恭城十大名点：水浸粑、灯盏粑、大肚粑、羊角纽、船上粑、萝卜粑、艾粑、肉糕粑、莲花粉、炒米、麻蛋、排散，都是送油茶的佐料。恭城油茶的佐料，也因各地风物而各异。油茶泡粥，驱寒取暖，俗话说油茶泡粥，一身舒服。

恭城人喝油茶，一年四季、一天早晚都喝。有客人来，以油茶奉客，小吃也更为丰盛。人们说，喝油茶的味道是："一碗苦，二碗涩，三碗四碗好油茶。"

瑶族喝油茶时的风俗，在第一、二碗送来时不送筷子，并将米花、炒豆之类的小吃加入碗里。喝完碗里的茶还留些小吃在碗底，以示有余不尽。直到喝第三碗才送上筷子，所以客人必须喝三碗以上，如果只喝一两碗，好客的主人会不高兴。有瑶乡民谚为证：一碗疏，二碗亲，三碗四碗好乡亲。

恭城油茶一喝就容易上瘾，但凡在恭城住上几年的人，有朝一日到了外地，就往往会在自己的家具中多出打油茶必备的三大件：茶锅、茶滤、茶捶。

恭城有三宝，油茶、山歌、文武庙。油茶和山歌，经常黏糊在一起，像两块扯不断的糍粑。

恭城瑶乡杂居着壮、汉等多民族，山歌是他们生活中必不可少的一项内容，以歌传史，以歌传情，以歌叙事，以歌会友。

山歌唱道——

出门用歌来走路，睡觉用歌当床铺，
结婚用歌当彩礼，待客用歌当酒壶。

山歌你爱我也爱，讲起唱歌心花开。
只有家中断茶饭，哪有人间断歌台？
山歌你爱我也爱，半夜三更爬起来，
唱得蜜蜂飞过山，唱得芙蓉连夜开。

瑶家生来爱唱歌，唱出十万八千箩。
只因老鼠咬个洞，唱得少来漏得多。

这些山歌，想象奇特，形象鲜明，它常用借代、比拟、双关、重叠、回环等手法，使人听了久久难以忘怀。

欣赏完了景观楼上的山歌和油茶，我们来到社山村的社公祠，又叫社王庙。这个庙清朝就有，如今是重新修缮。社王庙的墙上绘有梅山图。梅山图是瑶族做洪门道场时张挂的神像图。洪门道场是瑶族梅山先民的遗风，当村里老人去世时，都要唱梅山歌和悬挂梅山图祭奠亡灵返回梅山十三洞安息。据专家估计，至少有200多米梅山图散落在民间。梅山图是研究瑶族文化的重要资料。

梅山图绘制于清乾隆九年(1795)，全图分五卷总长达500余米，彩绘于宽0.35米的土白棉布上，彩绘以人物为主，大约有一千余位形貌各异的神和人。社王庙临摹绘制的梅山图中，神祇、师公、鬼神、凡人、祖先等各路人像纷繁复杂，也有瑶族人民农耕布织以及渔猎劳作的面画，构成了一个涵盖天上、人间、地狱的奇异的精灵神鬼世界。令公哪吒是祭祀仪式中的核心神，盘王是梅山图中的主神。整幅梅山图，蕴藏着珍贵的远古文化信息。专家认为梅山图是目前中国唯一的，保存最完整的，反映瑶族历史最深刻、内容最丰富的瑶族文物。梅山图历史悠久、内容丰富，不仅蕴涵了恭城水滨瑶族的宗教信仰、还原仪式，还反映了瑶族的风俗习惯、生产生活方式，积淀了深厚的瑶族文化，具有极高的学术价值。

参观完社王庙，已到傍晚时分，我们的晚饭便是吃土鸡，喝油茶。毫不夸张地说，这是我近三十年来吃到的最香最甜、最货真价实的土鸡，无论你怎么掺水，味道依然鲜，鸡汤依然甜。俗话说，情意好，水也甜，社山乡亲不仅有情有义，而且这里山清水秀，食材天然，难怪社山旅游如此红火。

屋外下起了细雨，淅淅沥沥，雨中的社山村寨格外妩媚秀美。■

王布衣／文 李庆才／摄

# 悠悠古韵江头村

## ——灵川县九屋镇江头村

江头村的古民居，历经风雨保存良好，是前人留给今人的建筑文化遗产。那么今人能给后人留下什么？这是当下城镇化进程绕不开的命题。

### 庄重典雅古村落

江头村为什么能吸引那么多的游人？因为这里有一种跟我们的心灵相契合的东西，它是一个民族上千年凝练而来的一种审美，流淌在我们的血液中，使得我们愿意去寻找它的价值，实现自我心灵的回归。

江头村原名江头洲，位于桂林市灵川县九屋镇西北，距桂林市30多公里，距灵川县22公里，是漓江支流甘棠江上游护龙河西畔的一个自然村落。村庄已有640多年历史，明清以后尤其是乾隆盛世以来，村民大兴科举教育，办义学，设私塾，村中子弟人才辈出，兴旺发达。走进江头村，能感觉到一种悠悠的古韵在一砖一瓦、一草一木间流淌。

村口的爱莲家祠是江头村最为引人注目的建筑，落成于清光绪十四年（1888），整体建筑面积占地1200平方米。原为六进院落，“文革”时期前后院遭损毁，现存三进院落，即大门楼、兴宗门、文渊阁。这是一座抬梁式硬山顶，三阶马头墙，又带有干栏式风格的砖木结构二层建筑，是周家族人集会和孩子们学习的场所。爱莲祠外观庄重、严肃，里间文化内涵丰富。

祠内一角的一块石碑用不多的文字讲述着江头村周氏家族的来历，“始祖公乃周濂溪公之裔也，因宦游而卜居于灵川江头村”。濂溪公即周敦颐，我国北宋理学家、文学家。

江头村现有人口160多户，680多人，均为周姓。根据其《周氏家谱》和《灵川县志》记载，江头村周姓始祖周秀旺——周敦颐的后裔，其长子周志轩于明弘治元年（1488）从湖南道州迁移至灵川县江头村建寨定居，迄今为止，已繁衍了22代子孙。

江头村最引人注目的，是蓝天辉映下的青砖黛瓦，翘角飞檐，一座座鳞次栉比有着高大院墙的古建筑耸立于青山绿水之间。村里现存元明清三代古建筑180座，620余间，其中60%保存了明清时期的建筑原貌，堪称桂北民居博物馆。

爱莲祠前一枝荷（黑米 摄）

知县屋（刘莹 摄）

村中古建筑多为二进或三进宅院，整齐排列，两屋之间仅隔一堵院墙，有侧门相通，形成一种无间距的“排屋”形式。多数院落门楣上挂着表明祖上功名的牌匾，如知州、知县、知府、进士、解元等等。

从山顶俯瞰古村全貌，古建筑墙体高大壮硕，屋檐层层叠叠，仿佛一片大户人家的深宅大院。漫步村中，在举人路、进士街和秀才巷等石头铺就的路面上行走，可以从墙脚下厚厚的青苔里感受到历史的气息。

“我们这里是百年清官村，这些房子虽然外表看着蛮气派，里面并不豪华。”村中长者周业义是个热心人，他的家是一座清代建筑的幽深大院。大门门楣处挂着“同知”匾牌，右侧墙壁上挂着原居主人周履恒的生平介绍：周履恒，号作圣，邑庠生，历任翰林院侍诏、文史校对、知县等职。大门打开，中间一长方形天井，右为正堂，左为居室，前后有两间做杂用的厢房。正堂门上方，挂着“四代翰林”匾牌。

“四代翰林?”我有点惊讶。

“指的是周绍昌一家。曾祖周履恒、祖父周启烈、父亲周冠。”老人如数家珍。听着周老伯的介绍，看着头上的匾牌，一种深深的敬仰之情油然而生。周家这种结构的宅院，是江头村民居的标准模式，也是将北方院落改造成南方民居的一种范例。周业义老人说，祖上当年建房，请的是江浙一带的工匠。

村子一隅，曾经有一间废弃的元代老屋，老屋墙面材料为泥砖，屋内构架简陋，空间低矮，形式封闭。而周氏家族迁来以后，江头村住宅的结构、规模、档次都有了明显的变化和提高。

村中的明代建筑，房子相对低矮，开间也比较窄小，墙面极少开窗，前院无门楼，前后两进院落贴靠得很近，中间只有一道狭窄的缝。而清代以后的建筑高大轩敞，山墙造型多样，斜脊的线条也由明代的内敛变得张扬，串在一起的山墙也有高有低，注意了层次的变化。

民居里有一品官的邸宅，有太史的府第，廉官的故居，仕宦的德宅；还有奇特的“闺女楼”，诱惑人的“迷宫”道，“爱莲花厅”等。走在古建筑群中，如同走进一部史书。

民居的内部装饰，处处折射出周敦颐的理学文化之光。周敦颐著有《太极图说》和《通书》，北宋理学名家朱熹整理《周子太极图说》后，周敦颐的《太极图说》成了中国的理学名篇。其散文《爱莲说》更是千古传诵，影响着周氏后人。

江头村的古民居建筑中的梁、柱、枋、檐多有雕龙画凤，格扇、雀替、柱脚等也刻上了莲花，以及梅、兰、竹、菊四君子图。堂屋神龛上方，家家都刻有“日月阴阳太极图”，可见村民对先祖的尊崇程度之深。

村中的道路、天井等，均用河中的鹅卵石镶嵌而成，每条道路、每家天井所用石块大小各异，花纹也不尽相同，历经数百年还基本完好，给人一种自然朴拙的美感。各家各户地板的用材也不尽相同，一些人家的地板，用黄泥巴、糯米和石灰粉铺就，经久耐用。为了保护古宅，村民检瓦防漏，开窗防潮，但是地板却没有经过什么大修。看来，当年的“三合混凝土”还是蛮经得起岁月的风雨的。

从建筑的形式，材料的选择，以及装饰用工的前后对比，都可以看出，江头村人在明清两代经济实力由弱到强，社会环境由动荡到安定，居住理念由封闭到开放的演变过程。

马头墙（刘莹 摄）

古村道（郭丽洁 摄）

江头村除了古民居还有古井、古牌坊和古桥等。村里有两口古井，东头圆形的叫聪明井，据说喝了该井的水以后，能开启智慧，变得聪明；村中间的方形井，井内水影如铜钱，村民叫它金钱井，据说喝了能发财致富。

村东南面田垌上有两座贞节牌坊，一座是翰林院庶吉士周绍刘之母秦淑娴的，另一座是卫千总周廷召之妻周姚氏的。两座牌坊均由光绪皇帝御赐兴建。牌坊三开四柱，上刻“皇恩旌表”，下有“冰清玉洁”等字样。雄狮、凤凰、莲花、祥云及各种纹饰雕刻细腻生动，整座牌坊气势雄伟，庄严秀丽……正是秋季，周边金黄的稻田与古旧的牌坊形成一种鲜明的对比。不远处的溪边立着一座8米高的三层小塔，上书“字厨”二字，字厨在绿叶的簌簌声中耸立着，寂然无声。塔的旁边是古凤凰桥，桥高4米，宽5米，跨径8米，单孔弧形，虽历经400余年而完好如初。缠满青藤的小桥静卧村口，任溪水在身

贞节牌坊（刘莹 摄）

下淙淙流淌。

古村落及周边的古塔、古碑、古桥等被包围在秀丽的田园风光中。虽已秋意渐浓，可周围的绿色植被却依然郁郁葱葱。远处群山气势磅礴而秀美，笔架山、玉印山、将军山，山山青翠；绕村而过的小河清澈透明，流淌着一首无名的歌。周边好些池塘里，粉色的荷花亭亭玉立，散发着清香，村口那株苍劲的百年古樟树，晨雾缭绕中依然生机勃发。

## 独特的科举仕宦文化

令人称奇，又最令江头村人引以为豪的，是自明清以来江头村周姓子弟通过科举考试，共出秀才200多人，其中举人31人、进士8人、庶吉士7人。全村168人出仕，一品官4人，二品官4人，5品以上官员达到37人。官衔有代理总督、布政使司、按察使、知府、知州、知县等。而且这些才子个个正直清廉，为后世树立了榜样，受到人们的称赞，给江头村带来了“才子村”和“百年清官村”的美誉。

在人才培养和仕宦文化方面，江头村为什么能够取得如此辉煌的成就？人们说，江头村人才辈出，应验了“地灵人杰”那句话，从自然环境的角度解释应该归结为村子风水好。江头村村前有三条小河环绕南流，旧时风水先生美其名曰“三重玉带拦腰水”。一世祖周志轩当年来到江头洲，见三条河蜿蜒南流，白亮如带，与村落交相辉映，中间宽两头窄的地形，有如一只展翅欲飞的凤凰，认定了这是一个“凤凰地”，便决定定居下来。至今，大家还管溪上的小石拱桥叫凤凰桥，后来才改成护龙桥。护龙桥建于村前护龙河南流拐角处，《易经》风水学称之为“锁水口”，上桥的四级台阶，有“进士”之寓意。在如此奇妙的自然风光和人文氛围里，众青年刻苦攻读，参加科举考试，频频高中，唯恐落第。出现父子进士、父子庶吉士、父子翰林的奇迹。

现代教育观点认为，人成才有三个重要条件，自然环境，教育环境和自身努力。追根索源，江头村人才的辈出，除了优美的自然环境，还应归功于村里尊师重教的传统，归功于族人对年轻一代正确的人生观和价值观的培养，以及对始祖周敦颐“爱莲文化”的精神传承。

护龙桥（刘莹 摄）

周敦颐立诚以修身，守洁以处世、奉公以为政、求仁以爱民的思想，对后人产生了深远的影响，《爱莲说》虽然字数不多，但哲理深刻。“予独爱莲之出淤泥而不染，濯清涟而不妖”之句，表达了中国古代人们的思想追求。“莲”与“廉”同音，爱莲，即代表着追求清正廉洁的做人品格。在这种高洁的精神追求和培养下，村中子弟积极向上，学有所成，功成名就的结果也就可想而知了。

人才辈出，是一个家族兴旺的标志。江头村的仕宦文化，为人们津津乐道。他们重视道德教育的传统，也受到高度赞赏，出仕子弟们清正廉明的故事，也被载入史册。

下面是周老伯给我讲的几个故事。

一生清廉周履谦——

我们江头村有差不多200个大官，元明清都有，清朝中末期最多。“履、启、廷、炳”四代都是清朝的。乾隆四十四年、四十五年，十一世祖周履泰、周履谦分别参加乡试考取举人，从此以后，江头周姓人家高中的就越来越多了。出现了周履泰和周启运“父子庶吉士”、周启运和周廷揆“父子进士”、周冠和周绍吕“父子翰林”的奇迹……这些在桂林图书馆的乡试履历档案里都

进士街（刘莹 摄）

能查得到。

周履谦曾在四川梁山、盐源等地任知县、知州，为官清正，写下一副对联，“贪一文断子绝孙；冤百姓男盗女娼”，以此来约束自己。他一生清廉，死的时候没有留下一点积蓄，连回家的车马费也没有。当地百姓自筹资金，为他买了棺材，千里迢迢，历经数月，将他的灵柩从四川送回老家江头村安葬。他的墓碑上，就刻着他写的这副对联。

“循良第一”周启运——

周启运是清朝嘉庆年间的举人、道光年间的进士，当过河南洪县知县，湖北德安府的知府，江宁盐巡道兼布政使（盐巡道是督察盐场生产、估平盐价、管理水陆挽运事务的官，布政使是巡抚也就是省长的幕僚，相当于副省长或民政厅长），同时还代理两江总督也就是江苏、浙江两省的最高行政长官。他兴修水利，发展生产，重视教育，爱护百姓。工作时处理了900多起积案，没有一个冤案。清朝钦差大臣林则徐南下视察工作时，称他为“循良第一”。

“桂林十大才子”之一、救命大夫周冠——

周冠是道光年间的乡试解元，咸丰年间又考中进士。在翰林院任庶吉士。庶吉士不得了哦，明、清两朝科举考试中了进士又有发展前途的人才能担任，属于皇帝身边的人，负责起草诏书，为皇帝讲解经典。周冠的官位达到三品，写有七部书，被称为“桂林十大才子”之一。

周冠到河南汝宁知府上任时，上一任县令交给他一个案子。一个叫刘显廷的跟他哥哥有仇，杀害了哥哥全家七口，还故意到县衙报案。原来的县令查无凭据，只好请示周冠。周冠明察暗访几十天，终于查明案情，将刘显廷绳之以法……在河南工作的四年间，周冠断案700多起，没有一起冤案，被百姓称为“周青天”。

当地曾经遭遇大饥荒，周冠拿出俸禄购买粮食和药品发给老百姓，使2000多灾民幸免于难，所以百姓又称他为“救命清官”。正直的周冠因将实情向上陈报，触犯了上司，被腐败的上司参了一本，被迫离职。周冠离任后去湖北当了老师，培养了好些举人、进士。

光绪甲午年，慈禧太后举行万寿庆典，别人送金送银，清贫的周冠没什么可送，就撰写了一副对联呈送慈禧：“顺太康宁雍然乾德嘉千古；治平熙静正是隆恩庆万年。”这副对联里面是有板路的啊，它既可以直着念，又可以横着读。取上下联各一字读，成了这样：“顺治太平，康熙宁静，雍正然是，乾隆德恩，嘉庆千古万年。”周冠原本是翰林院的编修，慈禧最终指示湖广总督要重用周冠，周冠这才得以官复原职。

爱莲祠里有块碑，上面刻着六个字：义学、义仓、义渡。

义学，就是提倡义务教学。江头村的子弟到爱莲祠读书，受教育不收费。

义仓，就是青黄不接的时候开仓济民，不收百姓利息，来年还上即可。当时村集体有一个大粮仓，丰收的年份囤积粮食，歉收的日子帮助村民度过灾荒，好多人都受益的。

义渡，就是在村边开通渡船供人免费过河，还烧开水给过路的人喝。

这些古训，至今仍为人所称道。

## 爱莲文化及教育理念

江头村的清官们以自己的行为在史册上写就了廉政爱民、公正严明、不畏强权的光辉形象，留给后人丰富的廉政文化和精神食粮。他们的成长史，可以说是植根于江头村这块“爱莲”土壤。

祠堂本是一个家族最重要的祭祀场所，许多家族的祠堂，都会用本族的姓氏来命名，而江头村的祠堂，却以《爱莲说》之篇名命名。

爱莲家祠内保存着众多的楹联、碑刻、字画，其内容大多是教育周姓子弟要牢记祖训、祖德，课读、为官、做人都要以祖训为本，以濂溪公的文化为先。祠内最醒目的对联“学以精微通广大；家缘清俭促平安”，是桂林清末状元、文学大家、画家龙启瑞撰写。此联贴于第三进院落——文渊阁门柱，是现今祠内保存得最完好的楹联。

爱莲祠最重要的院落为文渊阁。文渊阁一楼正屋挂着周敦颐的画像及其生平简介，上面高悬一块表示家祠主题的匾额“爱莲堂”。两边木板墙上，一边是周敦颐的《爱莲说》全文，一边是《周氏家训》及爱莲名句“余独爱莲之出淤泥而不染，濯清涟而不妖”。

周氏家族迁入江头洲之后，一直秉承先祖周敦颐创建的理学精髓。由周启运的外甥、“桂林十大才子”之一的朱椿林执笔撰写的《周氏家训》只有短短的320个字。“周家寻根，源乎姬旦；先祖濂溪，理学先枢。吾家风尚，素为严谨；规行矩步，奉莲指教；出仕为宦，官清吏瘦……”其内容概括起来有“真诚、和谐、积德、行善、清廉、奉献”等，《家训》告诉族人，不光对内

爱莲家祠（郭丽洁 摄）

要修身，对外更要尽责。对社会、对国家做贡献，无私无畏、廉洁奉公。爱莲文化被周氏子弟奉为至宝，用以指导规范自己的立身处世。

文渊阁楼上分为5间，设3厅8室，是当年的教学场所。江头村周氏子弟都在这里刻苦攻读，而后走出去参加科举考试。江头村的先辈们知道教育要从娃娃抓起，在当时并不优越的教育条件下，为学子们营造了一个良好的教育氛围。

"你看这些窗格子。"村民兼导游的周大姐指着木质结构的窗棂让我看。一条条古色古香的镂空木条，均匀布局于窗户和格扇间，起着固定和美化的作用，我并没看出有什么蹊跷。

"这是一个繁体的亲字，这是理学的理字……"随着周大姐手指的移动，我看出来了——"理"、"亲"、"贤"、"的秀"、"敏事"、"慎言"……这些木条，既是文字，又是艺术品，存在于爱莲祠的窗棂和隔间上，令人称奇。

理，为周敦颐开创的理学核心，也是600多年来江头村周氏族人的核心理念，这一糅合了儒、道、释三家理论的思想流派，影响着江头村的每一代

文渊阁（刘莹 摄）

爱莲祠的嵌字窗棂，上为“慎言”、“敏事”，下为“亲”、“贤”（郭丽洁 摄）

人。敏事、慎言是在告诉大家做事要小心谨慎，说话不要信口开河，要言而有信，踏实务实；而亲贤，其实就是在教育后辈，要潜心修学，见贤思齐，成为贤达之士；的秀，则是教育晚辈要品行端正，对待学习要认真，以求木秀于林，成为出类拔萃的人。这些字，很多都出自儒家的《论语》。

柱子上的莲花雕刻，教育人要清白如莲，正直做人；石碑上开口笑的狮子，教育人们要笑口常开，为人处世豁达……家祠中的楹联、石碑铭文、窗格篆文、人物故事雕刻，无处不体现了爱莲文化治家、治学、为人、做官的思想内容。这种传递深刻道理的新颖形式，比单纯的说教更胜一筹，它让人抬头即如见名言警句，天天受到提示，久而久之就内化成了自己的东西。

江头村人重视教育的程度，从文渊阁的楼板可见一斑。在这个学习的场所，楼板的铺设十分讲究，最下层铺10公分河沙，中间放一层火砖，最上层铺木板。这样的结构，走起路来不会发出嘎吱嘎吱的响声，那么孩子们就有了一个安静的学习环境。

爱莲祠内陈列着众多江头周姓的诰命碑、诰封碑、敕封碑和墓志铭，还陈列有众多的江头村的官位匾、科举匾以及江头周姓子弟的文房四宝、书柜、扬琴、团练枪等，这些物质文化遗产，对后辈的教育也起着潜移默化的作用。

江头村人深谙对晚辈采用激励机制的重要性，周氏家族坚持“规行矩步，奉莲指教”和“族规治家，施行笞罚”的奖罚原则。对功名成就、政绩显著和品行高尚者，通过竖碑、挂匾、立传等方式加以表彰。对那些违规犯错、有劣迹丑行的周家子弟和离经叛道者，则责令其到村西的五雷庙跪拜，直至洗心革面，改邪归正。

家家户户门楣上的牌匾，除了科举及第名称和官职名称外，还有受到上级表彰和赐予的“德高望重”、“慈善可风”、“行善积德”等匾额，充满了正能量。

在江头村村口的溪水边，耸立着一些四四方方，宽不过半尺，高不过一米的石碑。靠近护龙桥头的一块石碑上，字迹依稀可辨：“朝考甲第，钦点翰林院庶吉士，周绍昌。”

“这是功名甲石，”周老伯说，“过去有谁取得成绩，获得功名，上级就赐予制作这种功名碑。周绍昌进士及第参加朝考，又被选为庶吉士，这是了不起的事，当然要弘扬表彰了。这种功名石有两块，相向竖立。两石之间树起高达数丈的围杆。一方面是对功名获得者的褒奖，另一方面也是对其他人的鼓励。现在，这样的功名甲石碑在江头村还有八对。”

周氏子弟把爱莲祠办成本村“勉教实行”、培育人才的中心。他们通过外请名师授课、推送学子外出深造、教学互访、与名士联姻等方式，促进了思想、文化和人才的交流，对周家子弟成才起到了积极的作用。据史料记载，曾经到江头村授业的名士有近200人，两广总督、直隶总督刘长佑，广西巡抚、云贵总督张月卿，山西巡抚鲍源深，湖北巡抚严树森，广西巡抚胡云楣、张安圃，广西布政使黄植庭等都曾到江头村授课。外来的思想和新颖的教学内容，开拓了学子们的眼界，也促进了他们学有所成、为国重用的结果。

周氏家族还与一些社会名流结为亲戚，清末状元文学大家和画家龙启瑞、清末词学大家况周颐、清末状元刘福姚、清末“桂林十大才子”之一的朱琦与江头村周姓联姻结亲，也间接推动了江头村周姓文化的繁荣与昌盛。

## 文化的传承及古村的保护

“予独爱莲之出淤泥而不染，濯清涟而不妖，中通外直，不蔓不枝，香远益清，亭亭净植，可远观而不可亵玩焉……”村里那些年过半百以上的村民都清楚地记得，读小学时，父母和老师让他们背诵《爱莲说》的情景。小时候，孩子们在村里读书，老师教育他们要学好知识，敬重文化，这种教育，代代相传，村口溪流边那座字厨塔可以作证。

塔这种形式出现于汉代，本来是佛教存放经书、舍利子等神圣物品的地方。江头村的这个塔，上有塔尖，下有炉膛。它既不是用来供奉神灵，也不是用来镇压妖孽的。在它的第二层，写着“字厨”两字。周氏家族用这么一个塔来处理孩子们书写过的汉字，如用完的作业本，练书法的香纸，平常的草稿等。逢初一和十五，孩子们会在老师或长辈的带领下，将练习过笔墨的纸

字厨塔（刘莹 摄）

张拿到这里焚烧。在村人眼里，文字就是知识，是先贤的智慧。古人说文以载道，文字或道理岂能随便践踏，随意冒犯？长辈教育晚辈敬重知识，敬重文化，从小养成良好的习惯和态度，长大才能品学兼优，成为对社会有用的人。字厨塔是江头村人教育晚辈修身的一个重要内容，这个传统从清末建立此塔开始一直延续至今。

时至今日，江头村每出一个大学生，都要由父母领着到爱莲祠堂拜谒老祖宗，对着周敦颐的画像磕头鞠躬行大礼。村委主任会代表全村给榜上有名的学子一个红包，并嘱咐他们好好学习，不要忘了祖训祖德，做一个对社会有用的人，做出功名和贡献再回来向先祖汇报。

江头村村民有浓厚质朴的民俗气息，历史上的为官者一身正气，两袖清风，现代的居民文明礼让，感情真诚。

江头村纯朴的民风和家风，使得很多周家人都回来寻根问祖。每年端午节周敦颐的诞生日，一些年迈的父母会携家带口，从广西奔波数百公里，到湖南道县清塘镇楼田村——周敦颐的诞生地，三叩九拜祭拜先祖。多年来，这种习惯一直保持不变。

对祖先的尊崇就是对爱莲精神的尊崇。古语有言："礼义廉耻，国之四维。"如果将一个国家比喻成一个台子，那么礼义廉耻就是它的四个柱头。600多年来，江头村人就像爱惜自己的羽毛一样爱惜江头村的名声，使这个村子历经千年而不衰。享有"百年清官村"、广西古村落中"历史文化遗迹及数量第一、房宇建筑工艺第一、镂花种类第一、名人数量第一、数代为官同职第一"的盛誉。

2005年，江头村被中外旅游品牌推广峰会评为"中国最具旅游价值古村落"；2006年被国务院公布为全国重点文物保护单位；同年6月"江头洲爱莲文化"又列入广西第一批非物质文化遗产名录；2007年被评为"中国魅力景区"；2012年被国家住房城乡建设部、文化部、财政部列入"国家首批传统村落"；2013年江头村姑娘节被自治区列为"第四批非物质文化遗产"；2014年被批准为国家"3A级旅游景区"。

为保护和传承江头村历史文化，建设富有地方特色的社会主义新农村，灵川县将江头村的文物保护、生态开发与旅游开发相结合，筹措资金对爱莲祠进行了建筑特色、传统风貌的抢救和修缮，维修了护龙河，修建了广场、

正在修缮的老房子（刘莹 摄）

百亩荷花（黑米 摄）

江头村俯瞰（郭丽洁 摄）

石板路、河堤步行道、文化活动中心等，并收集了一些与古民居相关的古文物，旅游基础设施有了质的飞跃。

为了让江头村的爱莲文化更加发扬光大，村民大力发展莲花种植，现有莲花200余亩，品种多达一百多个。睡莲、子莲、花莲、藕莲，每一种都各有千秋，极具观赏价值……夏天，所有的荷花在江头村“亭亭净植”、艳丽开放的时候，江头村游人如织。

如今的江头村今非昔比，秀丽的田园风光与古民居相得益彰。

江头村的民间艺术形式丰富多彩，抬仙姑、舞龙、闹狮子，桂剧、彩调、文场、渔鼓、贺郎歌……逢年过节或酒会，这些本土唱腔会在村里的深巷中回响，有如古风般悠扬沧桑，十分耐人寻味。

为了弘扬地方文化，农历五月十三这天，江头村会举办一年一度的“姑娘节”，这个民间性的节日为江头村所独有。每逢这天，全村的女性村民都会盛装打扮，纷纷以最得意、最光鲜的形象来展现自己。热情洋溢的气氛，飘荡在村里的每个角落，感染着每一个村民和游客。

回望江头村，一群白鹅正在村口的溪水中游弋，被一片金黄田野包围着的古村显得是那么的庄重和肃穆。绿水青山间，学子们的琅琅书声在回响——

水陆草木之花，可爱者甚蕃。晋陶渊明独爱菊；自李唐来，世人盛爱牡丹；予独爱莲之出淤泥而不染，濯清涟而不妖，中通外直，不蔓不枝，香远益清，亭亭净植，可远观而不可亵玩焉…… ■

刘莹 / 文

# 桃花江畔的荷叶露珠

## ——秀峰区街道办事处鲁家村

有江的村落是有福的，鲁家村靠着桃花江，有鱼有虾有豆腐，经过这些年的细致经营，已经渐具规模，成为桂林美食新地标。

### 魅力人居——精心打造新家园

鲁家村人不姓鲁，这是个令人疑惑的问题。

鲁家村的地形版图犹如一张阔大的荷叶，所以自古以来又被称为“荷叶地”。“荷叶地”鲁家村位于桂林市西北郊桃花江畔，紧靠国家4A级风景区芦笛岩、“两江四湖”环城水系重要节点附近，是桃花江西岸的自然村落。

从高处俯瞰鲁家村，后面的方莲岭群山连绵，前面绕村而过的桃花江碧水悠悠。村里鳞次栉比的白色楼房坐落在一片碧绿的山野间。整个村落真的宛若一张缀满露珠的荷叶，透着一股清新的气息，吸引着八方来客跻身其间，休闲散步，赏美景，吃美食，感受村子带着芬芳的呼吸。

鲁家村全村共有65户390人，改造前村民自建房128处，建筑面积近2万平方米。以往的鲁家村周围环境比较差——在桃花江改造前，河堤杂草丛

鲁家村风雨桥（秀峰区乡村办供图）

生，两岸民居污水直排江中，河水浑浊，上游水葫芦成灾，令观者咂舌。村子内部总体布局杂乱，民居破旧狭小，道路、消防、排污管道等公共设施严重滞后。原有农家乐饭店档次低、接待规模小，难以满足各层次游客、食客的需求。无论是村民还是集体，总体收入都不高。

2010年，鲁家村“整村风貌改造”工程拉开帷幕。采取社会主义新农村和城中村改造相结合的方式，充分考虑到村容村貌对桃花江流域景观系统的影响，将桃花江两岸优美的山水、田园风光和鲁家村的历史文化特色相结合，打造现代化的魅力人居。

经过两年多时间的建设，一个新的鲁家村诞生了。98栋联排式民居，飞檐翘角，粉墙黛瓦，高低错落，绿树掩映。既有徽派特征，又有桂北风格。新村占地面积达58亩，比原来老村扩大了一倍多，光是新的建筑面积就达到2.56万平方米。

“大叔，你们现在的住房和原来的比，怎么样呀，好用吗?”我问一个在屋檐下闲坐的大叔。

“好用啊，怎么不好咧?村里按人头，每个人60平方米建房，我们家原来只有两栋楼房，现在变成三栋了，宽敞了好多。以前的老房子是平顶房，没有什么特点，家家看起来一样。现在漂亮多咯!”老人点点头。

正是早上八九点钟的时候，鲁家村的人还没有开始真正的忙碌，有几个门面刚刚打开，一个大姐正将工艺品摆放出来。

“大姐，生意好哦。”我走了过去。

“好好好，你来得好早啊。”

“你是村里的吧?自己的门面卖工艺品?”

“没有哦……我不是本村人。开村就在这里租铺子了。”

鲁家村新貌（刘莹 摄）

当时，在新村建设的业态打造上，根据自然地形、设施布局和项目安排，打造了旅游商铺区、特色餐饮区和农家小宿区三个功能区。实现商务一体，探索农业生产和生态旅游相融合的发展模式。

鲁家村的人居环境魅力，充分体现在村子的总体布局上。

从上空鸟瞰，该村的荷叶形状十分明显。该村的设计，总体就是按照荷叶的构造布局的，两条纵贯南北的街道和纵横交错的小巷，就是荷叶的脉络，100多户村民的住房，商铺和酒店，疏密有致地散落其间，宛若颗颗玲珑剔透的露珠，点缀在荷叶之上。

横跨桃花江面，将外界与鲁家村连接起来的风雨桥，就像荷叶的蒂把。风雨桥三跨、两亭，曲折有度。两个楼亭多角重檐，层叠而上，形如宝塔。桥顶盖黑瓦，涂料勾白边，线条生动。桥面两侧有栏杆，两旁设长凳，宛如

飞红乌桕缀秋江（卢新 摄）

游廊，可供行人休息和观赏。整座桥造型秀丽玲珑，颇为美观。

站在风雨桥上向北望，可见远处群山环抱，近处碧水悠悠。改造后的鲁家村，排放的污水已经流入污水处理厂统一处理，桃花江又恢复了清秀的容颜。她袅娜前行，在这里画了一个优美的大弧，也许桃花湾就是因此而得名的吧。桃花江的两岸，春天，桃花遍野；夏天，树林青翠茂密；此时正值中秋，桂花飘香，乌桕树的颜色变得丰富起来，再过一段时间，东岸那株满树飞红的乌桕就会成为风雨桥的点景树，风雨桥有她的伴随，顿时生出许多风情，成为摄影家们追逐的对象，也成为村子长盛不衰的亮点。

过了风雨桥，进入鲁家村。首先映入眼帘的是一组石磨雕塑，一家三口在石磨旁忙碌着，男的推磨，女的往磨眼中添加豆子，小孩探头看着豆腐缸，似在探究家人的劳动成果。栩栩如生的雕塑，充满了浓浓的生活气息。这个广场叫石磨广场，又叫荷叶广场。这组雕塑告诉人们，来到这里，就来到了百年豆腐村。

荷叶广场左边那块迎宾石，厚重端庄，朴拙而有质感，“鲁家村”三个烫金大字潇洒飘逸，散发着温暖的气息，一旁的黄槐灿烂，热烈。

木制村牌上记载着鲁家村的概况和历史。

鲁家村，广西首批特色旅游名村，全村111户(改造后有的家庭分立门户)，328人，占地58亩。鲁家村民不姓鲁，村太祖复姓欧阳，与欧阳修同宗。明末由江西庐陵南迁来桂。在桃花江畔“荷叶地”繁衍5户人家，俗称“伍家村”，因桂林话“五”与“鲁”音近，而得名“鲁家村”。全村为欧阳氏后裔，后改复姓欧阳为阳。

一条纵惯南北的小溪在村中间缓缓流淌，宛如村子的血管，给周围那些粉墙黛瓦带来了生命的律动。整洁的街道旁边，打开的店门多起来，饭店服务员开始在厅堂打扫，开小商铺的开始摆货，豆腐脑也开始出摊，热腾腾的，飘着白雾。

远观鲁家村民居，家家户户翘角飞檐，大门为具有百越风情的门楼牌坊，这些建筑形式，丰富了新村的空间层次感，而近看又各有不同之处。三四层楼的住房，最下层的比较宽大，再上去又略窄小一些，以此类推，最上层更加玲珑，使得每一栋楼看起来都层次分明，因而主人得以在上面做一些不同的造型。

紫檀色的花窗，雕花的木栏，瓦片精心做成的花式隔墙，门楼下造型各异的垂柱及照明灯。楼顶围栏边或种一株漂亮的三角梅，或一条蜿蜒的常青藤攀缘而上。这些装饰细节，使楼房于古典中透着现代，雅致中多了几分俏丽。

印象很深的，还有村民门楼前的饰品，时尚的放上一些小花篮，传统的放上几个“鱼转”(本地人使用的一种竹编捕鱼器具)，古朴的放上一两盏马灯。那马灯造型也很奇特——一盏的外观是两条垂直的鱼，木制结构，另一盏下端缀着一串弯弯的铜钱，取“有余钱”之意。

村中最让人惊叹的，还在那些看似不经意，但却精心布置在各处的雕塑小品。一位建筑学家说，一座城市，一个村庄的现代人文特色，可以从其营造的景观环境反映出来，优秀的景观雕塑小品犹如折射太阳光辉的那滴水珠，

马灯（刘莹 摄）

能体现出建筑群体的文化内涵、精神气质。

鲁家村“荷叶”中部，溪水在这里形成一个小池，阳光正好，小池子折射着太阳的光，宛如荷叶中玲珑剔透的露珠。池边一株垂柳，在风中摆动。交叉路口，设有一“下棋”雕塑。两名着清朝服装的老者对着棋局，若有所思，世间风云，早似作风轻云淡。可巧，不远处，正有两个村民摆着一副象棋在对弈，雕塑反映的，其实正是村民的日常生活。

村西南角是一组“印象西游”的雕塑。假山池沼，溪流潺潺，一丛丛绿意盎然的芭蕉迎风而立。孙悟空、猪八戒的雕像栩栩若生。《西游记》的神话故事跟这里有什么关系？这组雕塑是不是跟鲁家村风马牛不相及？非也。鲁家村的每一组雕塑，都不是随意而设，各有来历。

因鲁家村依山傍水，风光旖旎，白天绿水青山，晚上明月皎洁，所以桂林“老八景”之一的“阳江（桃花江别称）秋月”指的就是这里。该村老村口原有一水坝，上建一道三弯曲折石板桥，桥下流水淙淙，远处青山如黛，这番美景吸引了电视连续剧《西游记》编导。1986年，该剧剧组到此取景。片头孙悟空腾云驾雾时的田园风光，以及《三借芭蕉扇》中的景象，就是在鲁

弈棋（刘莹 摄）

村民的饭店（刘莹 摄）

“牧童观戏”雕塑（刘莹 摄）

篆刻“和为贵”（刘莹 摄）

家村拍摄的。每每言及，村民自豪感油然而生，一份对美丽家园的骄傲，由衷地绽放在如花的笑颜上。

此外，由南而北，村里还有“牧童观戏”、“田园水车”、“百寿迎宾园”等等小品和造型。这些节点小品，使村子疏密有致的空间格局变得更加生动活泼，它既表现了人们的生活情趣，又增添了许多文化内涵。

鲁家村随处可见的绿色植物，也是可圈可点。古典而又现代的房屋边，几棵芭蕉张着阔大的叶子，仿佛老猪当年就是扛着它走过村外的石板桥去西天取经的。芭蕉树是桂北画家最喜欢用的素材，一幅画里有了芭蕉叶，画面就增色了许多。三角梅灿烂的紫红在墙头绽放，为白墙黛瓦增添了许多色彩。红檵木、榕树、苏铁，这些植物点缀在鲁家村的街头巷尾，看似随意，其实是精心安排。沟渠边的荷花，水中摇尾游弋的红鲤，到处体现了建设者的匠心和村民的雅兴。

鲁家村的店名和招牌，做得也是非常地讲究。“水云居”、“桃花源里”、“湾湾油茶店”、“桃花阁”、“遇莲”、“彼岸别院”等等，招牌的字或行楷或魏碑，或其他艺术体。既不雷同，又充满美感，每一个都有着浓浓的诗情画意，表现着居住者和经营者的文化积淀和审美情趣。

鲁家村魅力人居的不同凡响还表现在对沿江景致的打造上。建设者在原有植被基础上，对驳岸进行梳理，修建了不同高度的亲水平台及步道，种植了各类亲水植物，北面有水车，南端有石船，既丰富了周边景观，又具有浓郁的民族风情。而那些点缀在岸边和村子周围的名人诗词碑刻和青冈石金印，更是极大地提升了鲁家村的文化品位和旅游价值。

## 传统美食——百年豆腐醉游人

鲁家村号称“百年豆腐村”，有着独特的豆腐文化，人们来鲁家村，多半也是奔着这里的豆腐美食而来。说起村人做豆腐的历史，每一个鲁家村人都会如数家珍。

付荣，这位年逾古稀的阿姨，与儿子、女儿一起经营着一家鱼餐馆。

“两家房子一共能摆下15桌，二楼、四楼有包厢，三楼住人。”阿姨耳不聋眼不花，思维清晰，“平常游客多，市民也多，办生日酒结婚酒的都来。”

付姨是外村人，1961年嫁到鲁家村，夫家五兄弟，没有房子，一家人的生活靠做豆腐、发豆芽，经常熬更打夜，白天就挑到城里卖。每次要走将近一小时，但是也只能勉强维持生活。

在村西北头开着米汤鱼餐馆的李大姐，说起当年的经历也是笑嘻嘻的。“那时候，我们经常半夜加班，做豆腐，还做火烟豆腐干。上午卖完了，下午就去周边的山上割柴草，割起好大一堆，用板车拉回来，村口那座石板桥没得栏杆，一不小心，板车就翻下去……”

鲁家村的豆腐文化有百年历史。差不多家家户户磨豆腐。磨豆腐要选取上好的黄豆，用水泡上一夜，泡到豆子发胀发软后才可以磨。为了豆腐新鲜好卖，大家常常半夜开工，一小把、一小把将豆子放到石磨盘里，慢慢转动磨盘，这样磨出来的豆腐才细滑，豆腐渣少。

豆浆磨好后，放到豆腐布里过滤。豆腐布四四方方，四个角系在竹子做的豆腐架子上，架子用绳索高悬，下面用大缸盛浆。主妇双手在豆腐架上轻轻晃动，让豆浆滤得更快一些。

过滤好的豆浆倒入锅中，大锅大灶柴火烧煮，能干的主妇管锅，未成年的孩子帮着加薪添柴。豆浆很容易烧开，这个时候一定要分外留心，要赶在豆浆煮开前两分钟将锅盖揭开，否则一不小心水漫金山，那就大事不好了。

豆浆出锅后，再将生石膏擂碎，和早就预留出来的一些生豆浆搅拌均匀，用小桶高高冲到大缸里，为的是让石膏水能冲到底部，跟所有豆浆发生化学反应。

一首“豆腐交响曲”到这里有了一个间歇的短暂停顿，妈妈去洗洗涮涮，爸爸去准备包豆腐的小木箱，孩子们则在旁边等待着豆腐脑的渐渐生成。大约经过二十分钟，妈妈掀开缸子盖瞧瞧，“可以啦，豆腐脑好了——”这一声喊，让沉寂了一阵的全家欢腾起来。

天渐渐亮了，孩子们全都起来了。有想吃豆腐脑的，拿来小碗，让妈妈用饭瓢舀上那么一两勺，加上黄砂糖和桂花，又香又甜，好吃极了。而豆腐上面那层面筋，是弟弟最想要的，面筋又叫腐衣，泛着豆香味，黄爽爽的，有嚼头，好看又好吃。妈妈用筷子挑了，薄薄一层，像一面小三角旗，递给撑着膝盖等待多时的弟弟。得到这个奖赏，是一种实在的荣耀。当然，豆腐

香喷喷的豆腐脑（刘莹 摄）

天天做，吃得多了，孩子们也有吃腻味的时候，于是父母就把它留下来，晒干了，成了腐竹。

豆腐脑从大缸里一瓢瓢舀出来，放进早就放了包袱皮的豆腐箱内，八成满以后，将包袱皮对角盖好，压上箱盖，再在上面压一个石头滤水，大约一个小时后，鲜嫩的豆腐就做成了。这个时候主妇还有一道工序，那就是将豆腐分成块，从豆腐箱里拿出来，放进装好清水的木桶里，白白的方块豆腐在水中浮游着，散发出诱人的气息。天亮以后，桂林的大街小巷，到处都会响起鲁家村姑娘、大嫂们的叫卖声："豆腐哦，鲁家村豆腐哦——"声音悠长而甜美，一直飘进人们的心里去。

"若是要做油豆腐和豆腐干，就比做鲜豆腐压的时间更长，要压出更多水，成为半干状态才可以。""伍家豆腐世坊"店的王阿姨60多岁了，在桂林市卖了二十几年的豆腐，以前一直在外面开门面，少年宫、西门菜市那一带的老人都认得她，好多人都专门会选她的豆腐买。新村子建好以后，老人把市区的门面撤了，回到村里与家人一起做豆腐生意。住上新房子的她，依然习惯在门口摆一口大锅和一些柴草，每天烧锅做豆腐。"用煤气火太猛了，豆腐一下子就焦，有了焦味就不好吃了。”原来如此，只有传统的制作工艺，才能留住传统的味道。

旅游业开展以来，村民们仍然天天做豆腐，因为需求量大，有的餐馆自己来不及做，一些豆腐世家干脆批量生产，为各个摊位或餐馆供应豆腐，以满足食客的需求。餐馆老板非常珍惜豆腐这个传家宝，他们让厨师用豆腐做出各种精美食品招待八方来客。所以餐馆里的菜单，有很多跟豆腐搭配的大菜。鲁家豆腐鱼、鲁家老水豆腐鸡、鲁家红焖油豆腐、鲁家素金沙……这些菜谱成为吸引游客的首选。

到鲁家村吃过豆腐鱼的人都感到，村里烹饪出的豆腐，外表鲜黄，里面柔嫩，味道可口。可一旦自己回家做，却怎么也煮不出那个味道来。村中卖豆腐脑的一位大姐说，鲁家村人做豆腐用料比较讲究，选用的是安徽和东北的黄豆，这些豆子颗粒饱满、匀称、浆水好，再加上村民采用传统的石磨磨浆和石膏点卤等制作工艺，每一道工序都一丝不苟，自然做出的豆腐口感细腻、柔软，味道特别。

通过文化、旅游、餐饮扶贫，如今的鲁家村已经成为广西具有休闲旅游特色的新农村典范，每年推出的桂林秀峰“三月三”民族歌圩节等文化品牌，充分展现了鲁家豆腐等饮食文化的独特魅力。

## 民风民俗——过年粑粑周末戏

鲁家村最浓厚的民族风俗就是过年打粑粑和周末看大戏。临近春节，左邻右舍聚拢一起，将精选的糯米泡好以后，和上黄栀子拌匀，然后上蒸笼蒸，半个小时过后，糯米出笼，先揪一团放进嘴里，糯糯的，香香的，吃了糯饭就像尝到了生活的甘甜。

大婶将黄色糯米饭放进碓臼，两个大力士操起木棍一阵倒腾，舂上几十个回合，糯米变成了黏性很好的糍粑团。两人合力将米团挑上早就铺好的木板或者莩荠草席，一个妇女灵巧地抹上油，周围的人立即团团围住，将大糯米团分成小团，一个个排开，糍粑的模型做好了。这时，将另一张圆桌板倒扣，盖在糍粑上，三四个孩子在桌面上又笑又跳，几分钟后，掀开桌面，那一草席的糍粑坯子就变成了又圆又扁的年粑粑。村里人打糍粑采取互助的形式。做完一家再一家，晾干后各自挑回家，既热闹又快当。

除了糍粑，还有不少桂林的传统美食：船上糕、玉兰片、红薯片、马蹄糕，松花糖等等。这些传统美食在村民蒋云燕的“鲁家第一粑”小摊上几乎全部都有。艾叶粑、高粱粑、香葱芋头粑，高粱粽子、板栗粽子、糯香竹筒饭，芝麻球、莲藕饼、松糕、马蹄糕，还有豆腐乳、辣椒酱……

“做这么多东西，你一个人忙得过来吗?”我好奇地问。

“这些东西主要都是我妈妈做的，”麻利的小蒋一边忙碌一边跟我闲聊，“2008年我从兴安嫁到这里，跟爸爸妈妈一起做小吃摊。我妈妈很能干，什么都会做。”小蒋所说的妈妈是指婆婆，看她称呼婆婆这个亲热劲，一定是个孝顺媳妇。

“你丈夫呢，他做其他工作吗?”

“没有啊，他帮采购原料，然后交给妈妈做，”小蒋快言快语，“我们的东西品质好，我的粽子里面有干贝、有腊肉，还有板栗，成本都达到两块多钱……来啦，桂林小吃啊——还有哪位要带走的吗？”小蒋转用普通话招呼游客，一边动作娴熟地摆弄摊上的东西。

我买了一个油堆，尝了尝，味道真的特别好。

三月，草长莺飞，桃花江畔的桃花开得异常美丽，又到了壮族人民的传统节日，三月三。从2013年开始，有了一年一度的三月三歌圩节日。这一天，市民和游客会从四面八方赶来。看歌舞表演，听山歌对唱，品桂林美食。在清晨的阳光中，演员们身穿华服，在舞台上纵情歌唱，喜欢热闹的观众，挥舞手中的彩旗为他们欢呼呐喊。

热闹终将散去，最终还得回归自己的生活。在张弛有度的节奏里，鲁家村人将忙乱的脚步放下来。选一个周末的晚上，三三两两搬了凳子，到广场的舞台去看地方戏。

鲁家村的戏台，搭建在村子的中部，黑瓦红柱，简洁大方。正中一副对联，颇为出彩——

上联：桃花江畔，秋月映荷影，飞凤凌空，箫笛合奏，桂地樵哥唱尧舜盛世；

夜幕下的鲁家村（秀峰区乡村办供图）

下联：笔架山前，春阳沐戏台，翔龙翘首，锣鼓齐鸣，鲁家彩调演时代英豪。

舞台鲜艳的背景，写着“桃花湾周末戏台”几个字。周末戏台是政府组织的一档弘扬当地文化的节目。由当地的艺术工作者和文艺爱好者表演，彩调啊、桂剧啊，文场、渔鼓、零零落啊等等，形式多样，内容丰富。

彩调又称调子、彩灯，起源于桂北农村，有些地方又叫大采茶、嗬嗨戏等等，它是一种贴近生活、朴实幽默、带着泥土芬芳味的快乐剧种。鲁家村人喜欢看的彩调有《五子图》、《三探亲》、《王三打鸟》等经典剧目。这天演出的是传统彩调剧《王三打鸟》。

小生小旦小丑在后面化妆，大家期待着演出快点开始。

一阵开场锣鼓过后，男女主角终于出场了。

“王三哥哥!”

“哎——”

“毛姑妹妹!”

“哎——”

男女互相应答后，合：“那我们就唱起来呀——”

演员在上面走，村民在下面笑。台上台下欢天喜地。

演完《王三打鸟》，演员们还演出了本土曲艺家李侃专门为鲁家村创作的小彩调《鲁家村新歌》——

音乐过门中，一队演员踏着欢快的锣鼓点上——

树上喜鹊叫喳喳，
天大的喜事到鲁家。
锣鼓声声开新村，
乡亲们乐得笑哈哈，笑哈哈……
你看那，青砖黛瓦流古韵，
池塘碧波映桃花，
青石板路通幽径，
小桥流水看落霞。
……
说鲁家，唱鲁家，
鲁家新村是枝花，
枝繁叶茂人人爱，
全靠众人浇灌它。
……

夜幕中，一轮明月在天上洒下银色的光辉，露水也开始悄悄降落，但是大家全不在意。男女老少沉浸在戏曲的意境里，笑得前仰后合，感叹着生活竟是如此的美好。

## 意气风发——年轻一代不须扬鞭自奋蹄

鲁家村的一天在观戏的欢笑声中结束，在第二天忙碌的磨豆腐声中醒来。这座宜商宜居，集水乡民居“拙、朴、土、俗”元素于一身的新村，除了环境比原来更为适合居住，生活条件比原来更好、更方便之外，新村建设的最大收获是为村民们解决了一个最重要的问题——产业转型。祖祖辈辈依靠卖豆腐和种地为生的村民，摇身一变成了导游和老板。鲁家村民的生活，转型为经营农家乐、家庭旅馆及旅游品交易三位一体的新生活。

岁月更替，时代变迁，昨天那些挑起家庭生活大梁的长辈，如今多数已是花甲之年，他们基本退居二线，或在幕后为前台的年轻人制作传统豆腐，或专注含饴弄孙，将创业的舞台交给下一代。

村民阳志宏的大自然餐馆是改造前就存在的农家乐，对新旧村落的变化他感触最深："过去环境差，房子布局凌乱，档次上不去，再怎么努力收入都有限。改造后，从整体上各方面都好了很多倍，生意也好做了。"阳志宏家有8口人，三代人两栋楼房，住宅面积达到480平方米。4层楼高的房子，装修好后宽敞明亮。80后，三十刚出头，进过技校，学过烹饪的小阳，不论是经营管理还是技术操作都很有一套。由于经营有方，客人络绎不绝。在小阳手下工作的服务人员，如今已经达到二三十人之多。这个精干的小伙子，为村民的就业问题做出了贡献。

阳志宏并不满足于现状，餐馆经营得红红火火的他，又看准了民俗文化开发的商机。六七岁时就给妈妈烧豆腐火的阳志宏有一个快乐的童年，跟随大人一起钓鱼，撒网，捞龙虾，挖莲藕，在田埂上采摘野葡萄和桑葚果，农家的田园生活给了他许多的快乐。志宏希望将童年的乐趣带给大家，将农家的快乐带给城里人。他要让游客到他的民俗乐园中打糍粑、磨豆腐、发豆芽、制作丁丁糖、马蹄糕……在享受美食的同时更能享受亲手操作的快乐，并能享受美食文化的熏陶。

阳志斌，土生土长的鲁家村人，高中时到技校学习厨艺，因学业优良，得以到桂林市国宾馆——榕湖饭店工作了几年，后劳务输出英国，在那儿工作六年，并通过努力获得绿卡。家乡面貌改变以后，他毅然回国，自己开起了餐馆。

我问他："国外条件那么好，你为啥还要回来创业?"

志斌笑笑："在国外做中西餐，本来也干得不错。但是，出去久了，总是非常想念祖国，想念家乡。2008年金融风暴以后，欧洲经济也不景气。我们村原来是地地道道的郊区农村，现在变成了城中田园旅游村，环境变好了，回来创业的条件成熟，所以，我就义无反顾地回来了。"

本文作者体验豆腐制作（卢新 摄）

除了餐馆，村里的旅馆也发展起来，鲁家村的旅馆由开始的两三家发展到现在的六七家。

79岁的阳冬发老人聊起现在的日子很满意："我三个仔一个女，两个孙女一个重孙，四代人。1958年出去闯世界，在外头做了三十五年木工，累死累活生活还是苦。"老人如今把房子租给做生意的村里人，每个月拿租金，安养晚年。

时近中午，村里的游客多了起来。红男绿女，叽叽喳喳。有进村就奔豆腐摊去的，有拿着长镜头对着青砖黛瓦拍个不停的，还有在村中边走边闲聊的……鲁家村这个有着悠悠古韵的水乡村落正在告别昨天的破旧和贫穷，成为新时代宜居城市里的宜居乡村。

如今的鲁家村，已经成为广西具有休闲旅游特色的新农村典范，被评为"广西五星级乡村旅游区"、"广西特色名镇名村"。鲁家村这颗荷叶露珠，一定会成为桃江湾旅游区一颗璀璨的明珠。 ■

刘 莹 / 文

# 梧州

W U Z H O U

# 生态美，古风荡，产业兴

## ——藤县象棋镇道家村

古村新意，要有现代味道，这味道除了规划新居，似锦繁花，改善的水电设施和卫生条件等等，还有守得住沉静，拥有与自然和谐相处的心情。

### 栀子花开木棉红

虽然到过无数次藤县象棋镇道家村，但是我依然希望能够经常来到这里，在绿树掩映，竹林婆娑，碧水盈盈，鸟语花香，空气清新得凉丝丝的古村落里漫步徜徉，欣赏优美的环境，感受扑面古风，穿越遥远的时空，触摸智者的灵魂。

深秋时节，我又一次来到道家村，道路干净平坦，几乎连落叶也没有。原来村边的那块空地，现在已经成了停车场和文化小广场。小广场内有滑梯、木马、单双杠、秋千等体育器材和玩具，几个孩子在滑滑梯，骑木马，荡秋千，不时响起嘻嘻哈哈快乐的笑声，偶尔有一两个提篮荷锄的村民慢悠悠地走过，好一幅和谐恬美的田园画卷。小广场四周及村道边的绿化带种植着冬青、小叶榕、桂花、簕杜鹃、木棉树等绿化植物，簕杜鹃和木棉树还正开着花，很

流光溢彩道家村（许景才 摄）

是鲜艳。这已经过了花季，怎么还有花开？两年多不来，竟然有这么多变化！带着一个个谜团，我走进了小广场旁边的一户农家。

一个四十来岁的中年汉子接待了我，他叫杨伟东，是道家村的党支部书记，是去年换届当选的，真是太巧了！知道了我的来意，杨伟东乐意做我的向导，沿着村巷边走边解说。

杨伟东说：自从自治区开展清洁乡村和生态乡村建设后，村委积极向上级争取资金和项目，各方面的投入有800多万元呢，村子在村屯绿化、道路硬化、饮水净化三方面下足功夫，村道村巷全部硬化到每家每户的家门口，道两旁和房前屋后都进行了绿化，村民都饮上了清洌干净的山泉水，变化蛮大呢。

福隆庄外景（郑彬昌 摄）

道家村的绿化不是单纯种树，而是不同地段种植的绿化树品种有所不同，小广场四周以盆架子、冬青为主，村巷以桂花、玉兰为主，村主道以小叶榕为主，河边、池塘以杨柳为主，同时在绿化带间种木棉、格桑花、三角梅等花草，形成了春有三角梅，夏有莲花、百合花、栀子花，秋有桂花、异木棉，冬有秋英花，一年四季村里鲜花盛开，尤其到了桂花开的时候，到处香气扑鼻，整个村子都泡在香气里。

走在村巷，鲜有垃圾。“你们村是怎么做好保洁的？”我好奇地问。

据说一开始时村民还不大习惯，村干部坚持耐心做工作，还派了监督员，但如今，监督员基本都派不上用场了，村民们都养成了良好的卫生习惯。

70 多岁的杨岳良儿孙满堂，看到游客越来越多，没有人打理四知堂，闲不住的他把四知堂里外的垃圾、墙角屋梁的蜘蛛网等，以及福隆庄门口附近的村巷，收拾得干净利落，每天早晚各打扫一次。有时候游客多，产生的垃圾也多，他就随时进行清扫。开始的时候，家人对老人的行为不理解，叫老人不必这么操劳。杨岳良就反复对家人解释：自己虽然老了，但身体健康，手脚灵活，做点打扫环境卫生的工作还是可以的，权当是锻炼身体，如果环境脏乱差，游客也不会来我们村。其实，他就是想让村子有一个干净整洁的环境，让大家过得舒坦、快乐。从此，他打扫四知堂卫生的事，家里人也不再反对。

村委会以老人的事例做榜样进行宣传，把他评为道家村的清洁卫生形象大使，这让一些平时不讲究卫生习惯的村民觉得不好意思了，慢慢就变得自觉起来，尽量圈养猪鸡等禽畜，垃圾集中放到垃圾篓、垃圾桶，不乱排污水，农药瓶做到随手捡，改变了不文明卫生的陋习，环保意识加强，并积极参与生态乡村建设，这三年来，仅村民自主投资、自觉投劳造林绿化村屯的面积就达 150 多亩，自觉参加清洁卫生死角的大扫除就更是不计其数。

## 窦家寨前朝雨晴

思罗河码头。这可是个有着逾千年历史的码头，沧桑、凹陷而滑溜的石板就是最好的证明。

思罗河由西而来，到了道家村，与由南而来的北流河交汇，构成了这里独特的地理风貌，留下了曾经的繁华。

道家，原本叫窦家，因村里原来窦姓大户人家而得名，村子曾有窦家司、窦家署、窦家寨等多种名称。窦家在当地的读音与道家一样，久而久之就变成了现在的名称。

在陆路交通并不发达的古代，“长江—湘江—灵渠—桂江—西江—浔江—北流河—南流江—合浦”是一条重要的水上通海交通线，因其沟通了中原与南方及海外，而被称为古南方水上丝绸之路。北流河是水上丝绸之路的一部分，濒临的道家村是这水上丝绸之路的一个港湾，道家村自然就成了历史名村。自隋唐窦圣封司设窦家司，随后历朝均在此设立驿站，传递皇帝诰令，接待来往官员。道家村目前尚存多处古建筑遗址，如司署衙门、驿站、文武庙、观音阁、古戏台、古盐仓、窦家司牌坊、粤东会馆、围龙王殿等。

现在，西江经济带建设已经上升为国家战略。北流河至南流江这段水路复航工程是西江黄金水道建设项目中的一项重要内容，正在抓紧实施。可以预见不久的未来，北流河沿岸，道家村，又将迎来新的发展机遇。

“窦家寨前朝雨晴，思罗江内水初生。杨梅果熟春欲暮，豆蔻花开鸠乱鸣。”这是明朝大学士解缙的《窦家寨》诗，描写的是当时暮春时节解缙初到窦家寨看到的景象。其实驻留过道家村的古代名人有很多，譬如马援、苏东坡、秦观、徐霞客等，其他的名人在这里基本都没有留下什么印记，唯独解缙例外，人们对解缙的感情似乎也特别深厚，码头边上的解缙亭就是最好的物证。

解缙亭在码头西边 30 来米处，亭高十多米，分三层，琉璃瓦，砖石构造，如今已修缮一新，这在乡野显得特别的显眼。村民建亭纪念解缙，当然不是因为他是大名人，也不是因为他写了一首《窦家寨》为道家村扬名立万，而是因为他曾经在这里驻留了一段时间，传授村民诗书礼仪，为村里修建了通济桥，为道家村的兴盛做了好些实事。朴实的村民就是这样，你为他们做了一些好事，立下了功勋，他们就会在心里一直铭记。繁华旧事已然过去，现在的道家村已沉淀出一抹平静淡然，但是这种感恩情怀并没有因为时空的久远和环境的改变而有所暗淡。

解缙亭在村里并不是感恩情怀的孤证。就在亭的旁边，还有一大一小两座墓，都是三合土做的墓体，大墓是寻常葬人的尺寸，小墓却如钵盂，如果

思罗江畔解缙亭（郑彬昌 摄）

不是因为前面有块墓碑，说它是石墩也没人会怀疑。其实里面埋葬的是一只蟋蟀！这事让我很是感动。

这是一只不同寻常的蟋蟀，它曾经在两广的蟋蟀大赛上连夺三届冠军，为主人杨树福赢得了黄牛一头，挂钟一座，布八匹，银十二万两等众多的战利品，为村民夺得了荣光。蟋王死后，主人用盘覆盖埋葬，并作墓碑铭记，杨树福嘱后人在其死后也埋葬在蟋王的旁边。这是一种怎样的眷恋和铭记？

直至现在，赛蟋蟀依然是道家村的一项民间盛事。在每年的端午节至霜降节气之间，每逢农历的二、五、八日，村里都会举行蟋蟀赛，附近村落及平南、岑溪、容县等外县的蟋蟀爱好者，也会携蟋蟀赴会，一享其乐。在斗蟋蟀的赛场里，我看到了前两天的成绩榜，冠军的奖励是 120 元。“现在与以前完全不同了，村民看重的不是钱，而是享受一种乐趣，更是对传统文化的传承。”杨伟东解释说。

村里还流传着一个“天知地知你知我知”的 “四知”故事。故事的主人翁叫杨震，东汉时期曾任知县，官本不大，却极有骨气。他在任期间，为官清廉，夜间一吏提着厚礼贿金求见，要求方便方便关照关照，并谓“天知地知你知我知无人可知”。杨震当即回绝，并凛然说道：“天知地知你知我知，又怎是无人可知？”

杨氏后人为了纪念杨震清廉为官的高风亮节，修筑了“四知堂”。四知堂是杨姓村民的祠堂，整座建筑叫福隆庄，分天井、中厅、后院三进式构造，是典型的南方四合院结构，是村里保存最完整的一座古建筑，那是清朝时期重建的产物，雕梁画栋，翘檐画壁，画图鲜艳恍如昨日。

我们来到了四知堂门前，看到门外连着三张荷塘，塘里的荷莲是专为杨震而种的，寓示其出淤泥而不染的品格。秋冬时节，村民只清理枯枝败叶，不挖莲藕，让其来年再长。荷塘其实是由村的护城河截住一段筑成，古城墙只剩下墙脚部，墙砖石块斑斑驳驳，留下了那段辉煌的历史印迹，让人想象这村落的远古繁华。想不到这简约朴实的边远村野也曾是繁华的集市，历史沧海桑田的变迁，在这里留下了浓重的一笔。

福隆庄里习武艺（许景才 摄）

荷塘小景（许景才 摄）

## 美化环境抓基础

“你们村民的房屋都经过统一装修，要花不少钱吧？村民都乐意吗？”一路走来，看到村居房屋外墙都统一装修贴着仿古砖，我很好奇。

“是啊，政府很重视我们村的建设，这装修政府补贴一部分，村民出一部分，这么好的事，村民当然欢迎啦。”杨伟东笑呵呵地说。从建设一开始，村民就积极参与，建设要用到土地，村民毫无异议出让，需要投工投劳，村民都放下手头的工作参加劳动。

这几年来，藤县在清洁乡村、生态乡村建设中，坚持以人为本，通过清洁卫生、“三化”行动、完善基础设施、美化环境等等，以优美的环境和榜样的力量，促进人们思想认识的提升，自觉参与生态宜居乡村的建设。

在道家村的生态乡村建设中，藤县结合该村深厚的文化底蕴，投入资金800多万元，把道家村作为历史文化旅游名村来打造：统一美化村民楼房外观，装饰为仿古墙；硬化村道，安装太阳能路灯；修缮、保护村中的各种古建筑；

有条件的农家均建设沼气池，改水改厕；建起村中文化小广场，广场配备各种文体设施；硬化村巷道路到每家每户，做好路牌引导；修缮村中清代建筑福隆庄四知堂，把其打造成廉政文化教育基地；修建污水处理系统，村民生活污水全部无害化处理；在思罗河边建设50米的道家文化长廊，通过壁画的形式展示道家村的历史文化、典故传说和民风民俗等等。经过一番打扮，整个村庄看起来美轮美奂。

现在道家村的基础设施越来越完善，村庄越来越漂亮。村里基本达到道路硬化，村庄绿化、洁化、美化，无暴露垃圾、禽畜粪便，房前屋后边沟排水畅通无污水淤积，户户建设卫生厕所，农民居室内外卫生整洁，村里建设了卫生公厕，公厕管理规范，长期保持清洁卫生，无异味，生活垃圾丢进垃圾桶，统一运到填埋场处理，给游客一个清洁卫生、环境优美、清新亮丽的感觉。

村里还建设有污水处理系统，我很有点意外，便去一看究竟。这是一张大池塘，足有10来亩，像个小湖，池塘里有一群鸭子在悠闲地游弋。池子西侧有一片苇草湿地，苇草一米来高，长得很茂盛；池塘北段有三个封闭起来的水泥池子， 是污水处理系统的收集、沉淀和过滤三个部分。全村的生活污水都通过专门的排污管道送到收集池，然后送往无动力厌氧发酵池杀菌消毒，再经过沉淀、过滤后的污水会经过一片人工苇草湿地，里面的苇草会吸附污水里的残留物。最终，处理干净的水体将重新排放到宽敞的池塘里，站在池塘边，毫无异味。

污水处理系统是道家村改厕改水工程的一部分，总投资150万元，于2012年6月建成投入使用，日处理污水能力为100吨，惠及全村人口85%以上。

走进村民杨业军家，刚从田里回来的他，抱着一把新采摘的蔬菜往厨房走去。他边洗菜边对我们说："自从村子建设成为历史文化旅游名村，村容村貌美了，环境洁净了，我们村民都过上了舒服美好的日子。"杨业军有着自己的农家乐、沙田柚等产业，生活富裕，日子过得有滋有味。

## 农家旅游产业兴

不觉间，我们走到了河边的竹林。在道家村随处都可见到竹子，河边则茂竹成林，既起固堤之功，更是一道风景。“未出土时便有节，及至凌云尚虚心”，托物抒怀，这是道家村民尊崇竹的理由。

河边竹子下半部的枝叶都被修整过，显得修长挺拔，卓尔不凡，竹林疏密相宜，错落有致。竹叶荫翳，满眼尽是凝重的翠绿，幽静畅快便成了竹林的主调。竹林中有用卵石铺就的小路，在上面漫步，享受江风拂面的舒坦，凝听竹叶沙沙的絮语，欣赏着竹林摇曳绰约而不失庄重的身姿，吮吸着湿润清新的空气，人仿佛进入了禅的意境，心灵就在这样的意境里实现与禅境的对接，倍添幸福感。

走了约莫一公里，竹林前面出现一片开阔的空地，下面是道家沙滩，那是一个连绵两公里的数百亩天然大沙滩，沙质金黄洁净，沙波连绵起伏，蔚为壮观。沙滩上有不少游人，有的在漫无目的地行走，有的在用沙子盖在身上，有的则在河里游泳、戏水。有这么辽阔的沙滩，总可以找一些令人激动不已的自助游乐项目，即使不搞什么娱乐项目，你就是赤脚在沙滩上走一走，那也是极好的沙疗。

吃过午饭，我们决定登一登石表山。石表山位于道家村西边两公里处，

竹林闲情（苏杰生 摄）

山上原来建有山寨，村民曾用它来防匪患和兵祸，如今各种土垒的残墙还在，而平常时候，村民就在山下农耕。

石表山，丹霞地貌的典型，这里有石表大佛、灵猿观天、赤壁长崖、华表双峰、飞龙在天等景色。

在赤壁长崖，我回望山下的田野，立即陶醉在这天然的美景之中。山下的田园已经成了写意山水画，绿的蔬菜错落有致地分布着，微黄的水稻一块连着一块，白的沙滩雄浑开阔，翠的山岭连绵起伏，这全成了画的色块；田埂、竹林、河流、道路则是画中的工笔，巧妙地把各个色块分隔、缀连，色块那么鲜艳，那么明丽，线条那么流畅，那么舒展。石表山东边的灵猴望月屹立而出，而下面是山包，最下是稻田、池塘、河流，上下层叠，高差很大，颇有立体感；北流河曲折逶迤，远山起伏连绵，这些线条弯曲流畅，编织出山川的纹理，一种腾跃之状，很有动感。高低错落与婉丽纹理交错，立体感与动感伴生，使得石表山下的田园极富特色，柔和极了，优美极了。回望石

石表山上望道家（茹恩南 摄）

表山，崇山峻岭屹立，丹霞异石森然，森林逶迤无际，形成了田园的天然屏障，作为背景衬托着整个天然画卷，气势恢宏而壮丽。

不过，人们断然没有想到，当“石表山原生态休闲旅游景区”的招牌竖起来之后，道家村的格局就发生了变化——养林产粮的传统逐渐转变，生态文化旅游的地位猛然攀升。山貌、河流、风物，以及所耕种的农田和作物令许多人千里迢迢赶来欣赏，还吟诗、作画、拍照、谱歌、写文章，这已经上升到农耕旅游、生态文化的高度了。

从石表山下来，我们来到村民杨松的果园，园中沙田柚果树茂密，树叶墨绿油亮，一个个硕大的沙田柚套着纸袋挂在树枝上，这又将是一个丰收年。园中有 50 亩沙田柚，原来施的是复合肥，沙田柚质量低甜度不好。四年前，在县水果局技术人员的指导下，果园主按照生态有机的要求种植沙田柚，结出的沙田柚糖度高，果表无虫害、病斑且鲜亮，每公斤价钱至少比一般的高 1 元，每年早早就被客商上门订购一空，足不出园就把水果卖光了。

在道家村边的生态稻种植基地，我们遇见了正在田里察看稻谷生长情况的村民杨元贞。“现在种水稻收益好吗？”我问。

“去年，我种了 3 亩有机水稻，卖给石表山景区公司 5000 斤干谷，收入 1 万 5 千元，是普通稻谷的 3 倍多，你说好不好？”杨元贞高兴地说，“我明年要扩大有机水稻的种植规模，争取有更多收入。种有机稻不同普通稻，挣钱！”

2012 年，在当地政府的协调帮扶下，坐落在道家村的梧州石表山生态文化旅游风景区公司采用“公司 + 农户”的方式，发动 90 多户村民种植有机水稻，建设 300 亩连片的有机生态水稻种植基地。景区免费为农户提供谷种、有机肥、技术指导等，农户从播种育秧到收获，全部使用农家肥，杀虫防病用杀虫灯和辣椒水等，不使用化肥和农药；收获后，景区公司以干谷每公斤 6 元的价格向农户保价回收。去年，全村种植的 300 亩有机水稻喜获丰收，亩产 800—1000 公斤干谷（两季），单这一项农民收入达 170 万元。

这一种植经营模式很快得到扩大发展，当地村民除了种植有机水稻，还发展了有机蔬菜、沙田柚、马水橘、粉葛等种植业，发展了土鸡、土鸭、土猪、商品鹅、商品鱼等养殖业，发展了米粉、腐竹、米酒等加工业，生态农业在道家村蓬勃发展，促进了当地种植、养殖、加工和农家乐旅游等产业的发展，

石表山前观雾海（苏杰生 摄）

增强了村庄人气和吸引力，较大幅度地提高了农民收入。

道家村的陈桂，在听了培训课，看到其他村民生态农产品销路好之后，开始扩大种植淮山和粉葛规模，由当初的10余亩扩大到50亩左右。陈桂说，之前嫌生态种植要投入比较多的劳动力而没有采用，淮山和粉葛运到圩市很难卖，所以不想种那么多。如今，村里环境好了，每天到村里的游客很多，他们在品尝过生态环保的农产品后，都很喜欢，纷纷购买，有的还要到地里挑选一些亲自采挖，享受劳动的乐趣。

农家乐的发展难题解决了，种植效益跟着好起来，越来越多村民以入股或者单干的形式搞种养，一起走富裕路。

沐清风、闻水声、听鸟鸣、赏翠竹，在宁静的氧吧里，身心全部舒展在大自然中，给自己的心灵一个深呼吸…… ■

郑彬昌 / 文

# 浴火的凤凰是这样飞起来的

## ——岑溪市南渡镇吉太社区三江口村

治理厂矿污染，是当下乡村建设遭遇的难题，三江口村关停土纸加工厂，利用本地三川汇合，山清水秀的原生态优势，打造绿色旅游，增加农民收入，找到了符合自身发展的路子。

### 三江口概况

改善人居环境是“美丽广西”乡村工作的重要内容，承载着亿万农民的中国梦。东晋大诗人陶渊明曾用“土地平旷，屋舍俨然”、“阡陌交通，鸡犬相闻”来描绘和谐自然、安宁和乐的乡村生活图景。追求美好舒适的人居环境，是古往今来老百姓最淳朴、最纯真的共同愿景。

岑溪市南渡镇三江口村，周边有旅游资源优势，怎样让人文旅游元素为人居环境的改善注入新的活力？让“富起来”与“美起来”相得益彰？这个旅游名村，它到底有什么出奇之处？村里到底如何实现人与自然的和谐相处的？它有没有经历过经济发展和保护自然生态的阵痛？居于世外桃源的人们，是如何面对现实，如何转变发展模式的？当地党委和政府，又是如何引导村民实现二次创业的？它是如何实现既要金山银山，又要绿水青山的呢？……

村民朱昌林介绍这座上百年的石屋，石头完全靠肩挑，工程难度很大

房顶上爬满了藤蔓的古民居，在诉说着历史沧桑

这些问题，无疑地，在三江口及其周边乡村的发展进程中，值得人们去思考。

岑溪市位于桂东南。《说文解字》注曰：山高而小曰岑，水注川曰溪。这鲜明地勾勒出山高而小、沟壑溪流纵横的岑溪的地形地貌。三江口算得上是岑溪的代表。

独特的自然气候，特有的民俗风情，厚重的历史底蕴，难得的原汁原味，一举被列入省级特色旅游名村；最近，又步入了住建部、国家旅游局公布的第三批特色旅游名镇名村示范名录中。如今，三江口改善人居环境、旅游免票的建设，已扩大覆盖到土柱垌等周边自然村 2600 多人口，并将以此为中心，唱响改善人居环境、打造旅游名村建设的大戏。

三江口是石山地区，山多地少，且地势较高，多为崇山峻岭，但原生态的森林植被极好。据南渡镇党委书记韦华金介绍，三江口所在的南渡镇，已将申报全国旅游名镇作为奋斗目标，目标兑现之日，将是整个人居环境更上一层楼之时。

三江口，一个富有诗意、给人无限遐想的名字。由于吉太社区、六四村、井河村、君丰和君垌村的一部分山川沟壑流出的三股较大溪水，最终在这里汇成一渠，汇合之处就叫三江口。这在一定程度上反映了这个自然村襟连百

吉太三江口一景

川的地理位置。三江口位于岑溪市的西南面，东南邻水汶镇，东北邻大隆镇，西南与容县交界，是岑溪市最边远的山区小村。从玉林出发，沿玉岑一级公路到达马路镇昙容社区，然后向南往南渡镇区至吉太公路方向行进，可以通达三江口。昙容至三江口约 25 公里；岑溪城区至三江口，约 40 公里；从广东茂名出发，经三江口东南面的水汶镇进入，至广西境内路程约 30 公里。进入三江口的沿线，一路都是高山密林，海拔最高的天龙顶，高达 1221 米。三江口，有岑溪的西伯利亚和岑溪西藏之称。三江口并不是孤立的旅游景点，其周边旅游资源富集，有集山、水、林、潭瀑、溪谷、奇石、漂流、神滩于一体的白霜涧风景区；有广西最大的森林草甸、奇花异树、桂东第一高峰的天龙顶山地公园；还有南方道教圣地、具“南方香格里拉”之称和大型石景群的石庙风景区。

## 洁净有氧慢生活

水泥村道通到家门口，几个老人聚了过来，你一言，我一语，告诉我们名村建设早已下了几着先手棋，村道早已不是以前的村道，借助旅游开发在全市率先硬化了南渡至三江口的公路，接着又仰仗“一事一议”财政奖补政策将大部分的村组道路铺上了水泥路，仅今年就铺了 6 条水泥村道，共 4.8 公里长。

村里就数朱姓人口最多，朱姓名副其实称得上当地的旺族，单是朱家祠堂就有两座，当上公务员的朱家人，亦如四季开花，接连不断。曾姓也不简单，一座两进深的曾家大屋，足有 500 多平方米，聚族而居，山人自有妙计，他们同朱姓村民一样，不断开拓家业，影响力早已超过了三江口周边的乡村。

进入三江口一带最偏远的土柱垌，背山天龙顶外就是容县了。我们来的时候，村民正在对 6 公里长、2.9 米宽的村道进行水泥硬化。土柱垌的蒙氏村民，祖宗是从附近的水汶镇搬过来的，将家族产业越做越大，原先只是一条汉子，是打算替族中打理一下山庄的，料不到来了就扎下根来，说不清是迷上了山清水秀的好地方，还是迷上了出水芙蓉一样的好姑娘，就在这里娶妻生子，子又生子，子子孙孙无穷尽，至今已是第九代了，蒙氏后人也发展到了 150 人左右。问过村中年近八旬的老人蒙国采：搬到山村定居，你们有没有后悔过？

有没有感觉委屈？他告诉我们：祖上的人，真的没有后悔过。他们认准了一条道理，他们就像是撒落下来的山花种子，落到哪儿，就绽放在哪儿，就在那里扎下了根；除了远离市区，他们什么也不欠缺，山外有的东西，村中也都有了。

天龙顶下，水天一色的珊瑚坪水库身后，就是土柱垌，昔日还是普通的山村小道，目前已经全部实行了水泥硬化，大约还有一个月的工期，就全部完工了。这个500人的山村，住着蒙、曾、覃、陈等多个姓氏的乡亲，多少年的等待，多少年的期盼，多少年的祝福，全在不言中。村中还有黄姓、姚姓等村民，同样地聚族而居，各有天地。

一切确实都在变，水泥道路替代了以前的石头小道，走起路来，确实比以前多了几分神气。村民再也不用为了一日三餐而奔波，生活节奏也变得舒缓下来，倒有几分“采菊东篱下，悠然见南山”的味道。这大概就是有了良好的人居环境，催开了山水休闲旅游文化的花，最终在村民心头结成的诱人果实吧。

村里有专人挨家挨户上门清理垃圾桶，村民们养成了不乱丢垃圾的好习惯，有的还做好了垃圾分类。这是“美丽广西，清洁乡村”结出的硕果。五保户蒙国林，69岁了，在家闲着，闷得慌，总想找个事做，村里让他出面将家家户户的生活垃圾集中收拾起来，还将河道里的塑料袋、水葫芦等杂物一一打捞上来，集中处理。

我们问，在垃圾治理过程中，到底用什么办法，才能保证绿水长流？

蒙国林笑了笑说：这个不成问题，只要宣传做到家，村民都会将垃圾集中放到一处，有的垃圾还可以做农家肥，可谓一举多得。农药瓶子等难以处理的垃圾，我们保洁员负责统一清理，运到垃圾填埋场处理。以前随处堆放的杂物，如今也是摆放得井然有序；昔日的臭水沟，早已恢复了清新自然的样子，家家户户，无论是住旧屋，还是迁新居，家中都收拾得整洁如新。

据悉，去年至今正在建设的垃圾中转站总投资265万，聘用保洁员20名，2015年新投入使用手推垃圾车10辆、垃圾箱36只、垃圾桶576只、新建垃圾池7座。村民除了制定村规民约规范处理垃圾行为，还为了保证有钱办事，依据村民代表大会决定，每人（无论外出与否）每月交1元保洁费，或每户每月交5元保洁费。

解放战争时期七块田战斗遗址，墙上还可看到累累弹痕

七块田古民居

因为老人们的质朴，我们的采访多了几分浓厚的乡土味儿，大家直奔主题，打开心门。他们表示，对历史文物要精心维护修缮，使这些宝贵遗产能够代代传承下去。比如三江口有一座革命遗址，是中国人民解放军在三江口七块田战斗中牺牲的“七雄烈士纪念碑”，要加强七块田红色文化的学习、宣传和弘扬。

三江口村中古屋的院墙，最厚处达2尺多，朱连城、朱雨荣、朱盛荣、朱昌继、朱昌金等人，居住在同一个大院中。兄弟叔侄，数代同堂，房前屋后，一干二净，纤尘不染。先人将宅院设计成大院，除了便于生活和来往之外，主要还是考虑到便于集中力量对付外来盗匪。这是兵荒马乱的年代，不得不提早准备的对策。村中老人们说，他们的古屋有九层高，在一次战斗中，来敌将村子团团围住，村人拼命抵抗。敌人切断了村中的水源，还不断得到增援，导致村子最终落入敌手。九层高的祖屋，被活生生拆下，只留下四米多高的石墙。

置身于三江口，放眼村落，就可以看到山坡上、地角旁、小路两侧，东一排、西一排泥墙砖和方石头砌成的挡土墙。院落并没有人去屋空，房门也没有密闭紧锁，淳朴的山民，心的大门，总是对外开放的。一个自然风光无限优美的山村，一个原汁原味、没有受到现代文明彻底侵蚀的山村，周围山清水秀，沟壑纵横，空气清新，十足是难得的天然氧吧，天然绿肺。这样的人居环境，怎能不让人心驰神往？

## 山乡神韵，返璞归真

都说上帝在这里关上一扇门，必然会在那里打开一扇窗。八九年前，岑溪市为了让白霜涧瀑布旅游和漂流能有一个好的水质环境，采取果断措施，在全市率先关停了原吉太乡的上百间土纸加工厂（用于加工祭拜冥纸和鞭炮纸筒）。关停了土纸厂，他们当时是怎样熬过来的呢？

蒙国林笑了笑：我们是怎样熬过来的？说来话长，土纸加工厂原来是他们这个地方的优势产业，当时每年就有几十万元的税收，在工薪阶层月薪只有四五百元的当时可不是小数目，占了财政收入的七成。有实力的人家，单独盖个棚，就可以开张了；没实力的人家，合伙搭档，三三两两搭个棚，也

三江口独具特色的民居

三江口一景

三江口孕育出的桂东第一瀑白霜涧瀑布

有盼头。许多山外的人，都羡慕这山中藏着的许多山财主。村中人当时就凭这点资源养家糊口，还指望依靠它脱贫致富呢，突然一棍子打过来，还真有点想不通。但下游的群众意见大，造纸的石灰水排到河道里污染了河水，那发臭的气味，令人难受。政府于是就像割盲肠一样开了刀。从那以后，村民们用了三年的时间，慢慢地走出了迷惘。取缔土纸加工厂，讲句良心话，也是大势所趋，不能依靠牺牲环境来求发展，更何况，以牺牲别人的人居环境为代价的发展方式，是难以持久的。转型势在必行！

三江口人想通了，他们认定改革关头勇者胜，要做转变发展模式，创造美好人居环境的胜者。上帝给了三江口人闭塞的交通，同时又给了他们原生态的天地，抛弃了粗放经营的土纸加工厂，三江口人仍有绿水青山，这才是金山银山啊！只有牢牢地把握住发展的机遇，才能拥有王牌——那就是用山乡神韵，唤醒游客心中返朴归真的记忆，想起从前的米饭味道正，从前的大蒜香喷喷……宗祠、旧屋、铺天盖地的绿色长城，水体生态圈，环境更美了，收入更高了，三江口复活了，真的让人眼前一亮了。

聚在身边的老乡纷纷插话，现年 83 岁的蒙厚进介绍：村民蒙国生，就通过利用当地野花资源丰富的优势，学会了放养蜜蜂，从两箱三箱的规模做起，摸着石头过了河，目前已经在房前、野地的林荫下，放养了 80 多箱蜜蜂，现在卖蜂蜜年收入有 5 到 8 万元，在当地是个不小的收入。

长途旅行来到村中，正值晌午时分，口渴难耐，我们在农家喝了点稀粥。看到家家户户几乎都在用软管引来的山泉水，我们问：这山泉水，能直接饮用不?

蒙国林说：“山涧早就没有发臭的污水了，杂物也都被村民和保洁员清理干净了，山涧中的水都是清澈的，这山泉水，早成了直供水了，不信可以喝一碗。”听完他这一席话，我们还真拧开水龙头，打了两碗山泉水，仰起脖子细细品了起来。

我们笑着说：“比城市的直供水甘甜多了。”

放眼看，这山水间，生长着茂密的生态林。好山好水易长寿，村里 80 岁以上的老人有近 80 人。这些老人多是健步如飞，声如洪钟，还能上山干活，不少人还能肩扛近百斤的重物，偶尔发烧感冒小病小痛，他们也习惯于到原

巍然屹立的桂东第一高峰土柱峰，位于三江口土柱自然村境内

有 150 年历史的三层的连片土楼至今保存完好

近200年历史的古民居

生态的山上，采一些草药，或熏蒸，或内服，或贴片……土法效果还出奇地好，开药店的老板都说：三江口人治病的钱，难赚，难赚！

村民还告诉我们，连到景区玩耍的游客，也对这里的人居环境多了几分敬畏，开始自觉地把旅游垃圾投入到垃圾袋里，真可说得上是除了脚印，什么也没留下。■

蒙子奇　庞广蛟　文/摄

# 北海

B E I H A I

# 一个村庄的守候与期待

## ——银海区福成镇竹新村

竹新村是移民村，有自己独特的发展历程，因为迁徙，格外珍惜脚下的土地，经过多年辛勤的汗水浇灌，终把他乡耕耘成故土。

### 积极种植瓜果，播种绿色希望

位于银海区福成镇东南方的竹新村是一个移民村，如今这里道路通畅，瓜果飘香，村民过着幸福的生活。然而在五十年前，这里还是一片荒芜之地。

1969年，村里的老人们带着孩子离开了世代居住的故土，从玉林市的博白县迁徙到北海市竹新村。水库的兴建，从某种意义上来说，改变的不仅是全村人的命运，更是对全村人未来的期许。在政府的号召下，村民们扶老携幼地出发了，他们每人怀揣着25元的国家补助，从现实的一端颤巍巍地走到了另一端。然而，故土难离，对于在博白落地生根的村民来说，这样的割舍令人充满忧虑。

“当时我才3岁左右，是个不懂事的小毛孩，记得在妈妈的背上一路颠簸才到了这里，在大人眼中，这里是不毛之地，是远离故乡的地方。”竹新村的宁加福是竹新村的第二代人，他的成长照见了村子的发展历程。

村民从博白迁移过来的时候，最大的困难就是面对台风的侵袭。平原近海，老一辈人的耕作和生活方式被彻底颠覆，“我们那里种芭蕉，十年也不会倒，这里却一年吹倒三次”。因为不习惯，一些村民在竹新村居住了两三年后又陆续回到博白旧村，博白的山区九山一水，可耕种土地非常少。人们在困境中继续支撑着，努力着，奔走着，其间又有几次回到竹新村，随即又离开，在来来回回中，村人一直在道路上寻找生活的出口。直到1978年，在上级政府的积极沟通下，村民们才逐渐回到了竹新村。

“为了修建水库，我们迁到这里，其实是好事，我支持。”宁加福道出了全村人的心声，谈论起几十年前的事情，他仍然认为，自己来到这里是为了国家的需要，也是为了自己的出路。看着眼前一栋栋楼房，他说自己做梦都不敢想能住上这样好的房子。

从原来的一个人几分田，到现在的一个人四五亩田，这样的改变让竹新村人看到了原本看不到的希望。没有什么比土地更让农民高兴的事情了，在这肥沃的土壤里，竹新村人开始种植水稻、甘蔗、蔬菜，原有的生活习惯和耕作方式逐渐转变。作为广西较早的移民村落，竹新村的村民从一开始就具

稻田如茵

有了与当地人不一样的性格和理想追求。他们曾经颠沛流离，他们曾经离开故土，这使得他们开始认真看待脚下的这一片土地，当他们在这里生出根来，脚踏这片土地的时候，才会感觉到自己是一个真正的竹新人。

1984年，竹新村迎来了电气时代，在此之前，村民们只有在县城里才见过电灯。合浦县供电局为了解决竹新村的实际问题，最终把电从两公里外拉过来，村民们第一次在这里看到了光明，而以前用的煤油灯则被村民高高悬起，成了每家每户的古董装饰。

在村子里，只留有几间当年建造的土坯房，大部分的村民都已建起了楼房，过上了安定的日子。原来这里的村民每一户的建筑面积都不超过100平方米，更不能想象有现在这种漂亮而独立的小院子。现如今，村子里家家户户建起了小洋楼，当年这片荒芜之地上焕发了新的春天。

1985年，竹新村引进黄红麻种植，因为严重缺水再加上土质的关系，黄红麻的引进并没有给竹新村带来财富。随后的1989年，村里人又开始大力种植甘蔗，到了1991又尝试种植龙眼……随着时间的逐步推移，竹新村人在探索中不断前行。从计划经济时代过渡到市场经济，竹新村人经历了无数风雨。

直到1995年竹新村转型大棚蔬菜，才让这个艰苦奋斗了20多年的村子看

到了希望。在宁加福的带领下，村民们改变了以往的耕种模式，开始探索大棚蔬菜的奥秘。

“不比不知道，一比吓一跳，发展才是硬道理。要发展，必须发展，只有发展了才能落地、生根、开花。”竹新村土地资源丰富，只要人人努力，就会有不一样的明天。这是村民外地取经回来的真切感受。从2000年到2010年，十年间竹新村发生了翻天覆地的变化，从一个没电没水，没有技术的村子，到如今到有技术，有人才。竹新村现在每家每户都在种大棚蔬菜，村民们早已尝到了甜头，年轻人除了农闲时外出打短工外，平常在家种植蔬菜，村民的钱包越来越鼓。

在竹新村的大棚蔬菜地里，首先映入眼帘的是远处一座座蔬菜温室大棚，场面极其壮观。“我们现在的日子是以前想都不敢想的，真是一个天上，一个地下。现在住着自家盖的小别墅，一年搞两个蔬菜温室大棚，一年利润算下来至少也有七八万元。”村民吴大婶发出了这样真实的生活感悟。

绿色的希望

乡村之路

## 要致富，修好路

俗话说，要想富先修路。

在道路没有修好之前，竹新村通往外界的道路极为不便，农产品常有增产不增收的现象，由于道路不畅，没有客商去收购，有的蔬菜运出去了，但运输路程中导致蔬菜品质下降。由于道路不好走，竹新村在此前很长一段时间信息不灵通，客观上也制约了农村因地制宜地发展特色农业，土地资源也没有得到充分利用。过去，竹新村产业结构单一，农民主要依靠农耕赚取收入。但是单纯依靠耕种作为收入来源，既受客观环境因素的影响又受科技水平的制约，农民耕田种地收入微薄，即使是在农业税已经减免的今天，除去口粮，也几乎是所剩无几。可是自从竹新村修建了公路后，交通便利了，产业结构得到调整，农民不再单一依靠耕种作为收入来源。即使是耕田种地，也不再是单纯的耕种自有土地，而是承包山林土地，规模化经营。竹新村公路的修建，交通的便捷，使得农民掌握市场信息，了解市场动态，跟着市场走；也因为交通的便捷，引进了科学技术，增强了农作物抵抗自然灾害的能力。再者，村民规模化种出来的大棚蔬菜也能及时运出销售，因为适时也卖得了好价钱。

路修通了，生活富裕了，竹新村的村民们开始用上了健康清洁的沼气。竹新村在生态乡村建设中和巩固村庄环境清洁卫生的基础上，积极利用发酵技术，收集人畜粪便和农业废弃物进行沼气生产，积极发展循环农业。按照“养殖——沼气——种植”的模式，以节肥、节能和资源综合循环利用为重点，大力推广农村户用沼气建设技术，推进节约型农业发展，较好地化解了经济发展与资源节约、环境保护之间的矛盾，使乡村清洁美丽，又较好促进了清洁生态和经济发展。

以前，竹新村的生活污水、猪牛粪便、废弃秸秆等有机垃圾无法处理，严重污染了村民的生活环境。而今，村民们充分利用这些废弃物作为沼气生产的原料，这些曾经的“废”变成了村民手中的“宝”。发展农村沼气，实现了村容整洁，改变了农民的生产生活习惯，使农村环境、农民的生产和生活发生了较大的变化。沼气是可再生的清洁能源，既可替代秸秆、薪柴等传统能源，而且能源效率明显高于秸秆、薪柴等。发展沼气，解决了竹新村民能源问题。用沼气煮饭照明，节约了竹新村农民家庭经济开支。

“养猪最大的烦心事就是猪粪便污染，产生恶臭，滋生蚊蝇，严重影响周边环境和居民生活。做了沼气池后，利用养殖场粪便照明，真是变废为宝。现在政府为农民提供了这么好的政策，一定要抓住机遇，实现自己的梦想。”

豆角架

竹新村的吴大爷高高兴地说。目前，竹新村通过大力发展农村沼气，推进了节能减排，改善了农村生态环境。另外，全村的沼气池产生的沼渣、沼液增加了村民有机肥料资源，提高质量和增强肥效，从而提高农作物产量，改良土壤，又增强粮食、蔬菜、水果等经济作物的抗逆性和抗病能力，绿色环保，品质优良。

## 家园自己造，他乡变故乡

村路纵横错落有致，绿树红花相依相偎，图文并茂的文化墙、房屋院落干净整洁……一幅幅美丽乡村、幸福家园的崭新画卷，正是这个年轻村庄的新貌。从外部环境到村民的生活居室，都发生了翻天覆地的变化。曾经的“村里人”过上了让城里人都羡慕的日子。凡到过竹新村的人无不赞叹，置身于大自然的绿树中间，静静地行走，与美丽邂逅，会让你忘却烦恼与忧愁。这里没有雾霾，没有污染，你可以大口地呼吸，你可以尽情地享受绿色田园的美好空间，在如诗的田野里，感悟这里农民独特的幸福生活。

自从“清洁乡村”以来，竹新村改变了以往“一心忙着搞经济，其他事情不多问”的态度，积极参与到清洁乡村的工作中来，村民们也逐渐养成了爱卫生、讲文明、护环境的好习惯，每周主动义务清扫公共区域，各户自觉保持责任区的清洁卫生。村里有自己的卫生宣传板，卫生负责人的标牌特别醒目。村子里的垃圾由市里环卫部门进行统一清理、运输和处理，实现垃圾收集城乡一体化。自治区还给村里赠送了一批价值15万元的全新保洁用具，其中包括1辆农用垃圾清运车，1辆电动垃圾收集车及铁铲、扫把等保洁用具。

竹新村在开展清洁乡村活动中，注重与生态产业发展结合起来，一手抓“美丽竹新”家园建设，一手抓产业发展致富增收，两者互相促进，相得益彰。

“不是别人要我们搞卫生，而是我们自己要搞卫生，我们是这里的主人，有义务让这里的环境变得更加美好。”本着自己家园自己建，自己的家园自己管的原则，竹新村采取了一套全新的管理措施来推进乡村建设活动：他们成立了村民理事会，与每户村民签订了环境卫生整治“门前三包”责任状，向每位村民发放了公开信，制定村规民约和卫生公约。同时，村里将卫生清洁共

新房柴火

划分为3个责任区域，每个责任区分别由一名责任人联系督促七八户农家开展工作，确保人人有事做，事事有人管，营造了户户争创先进的良好氛围。

在现场，我们看到了70多岁的老人在做保洁工作，他很认真地依次查看地面和角落，发现有垃圾就立刻用钳子夹起，为的是随时保持村子环境卫生。

作为一个只有短短50年历史的移民村，竹新村没有历史馈赠的古建筑，也没有成熟多样的生态环境，但竹新人坚忍不拔的努力感染了每一个人。

年轻的竹新村，村里道路整洁干净，水泥路直达每户村民的家门口，从村小广场的左侧往里走不到100米，一栋两层文化楼在阳光下耸立着，格外耀眼，周围的篮球场和舞台也十分整洁。竹新村村民基本上都有自家的庭院和别致的小洋楼，有的人家还环绕着庭院种了不少果树，树上硕果累累，有的已经掉在了地面上被小鸡啄食。村里最常见的场景是在两棵树之间挂着一个吊床，男女老少谁有了空闲都会去那里躺一下，在欢声笑语中谈谈自己今天的劳动，说说村子未来的发展。对于竹新村的村民而言，“家”就是现在这种感觉，它并不遥远。虽然，他们并非这里的原住居民，但是竹新人用自己的劳动和汗水浇灌了这片土地，而这片土地，也成了他们永远的故乡。

正因为迁徙，竹新人懂得了该用心对待脚下的这片土地，他们一直劳作着，用自己质朴的双手和勤劳的汗水来守候这片土地，守候属于他们的美丽天堂。 ■

何谓清 文 / 摄

# 钦州

Q I N Z H O U

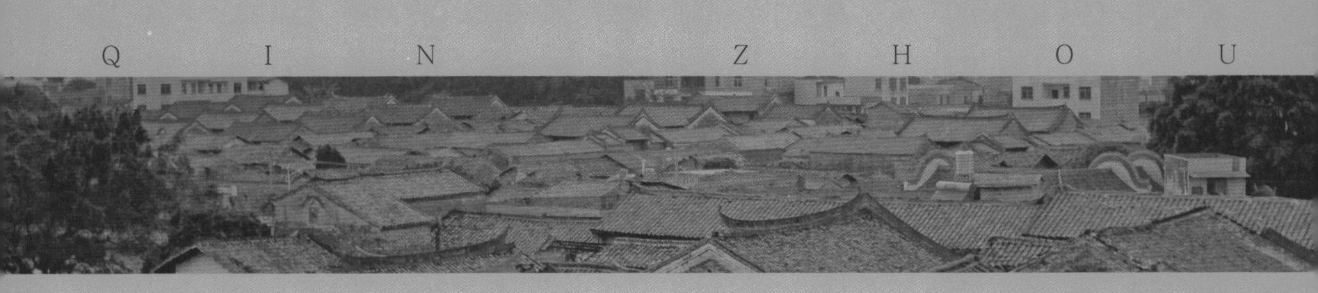

# 广西楹联第一村

## ——灵山县佛子镇大芦村

大芦村有完整的明清宅院，楹联文化是其独有特色，“惜食惜衣不但惜财兼惜福；求名求利须知求己胜求人”，这是前辈自勉，也是对后代的期许。

### 城外有村，取名大芦

大芦村是有魂的。

这是大芦村留给我的最初印象，也是最深刻的印象。

大芦村的魂是那些如历经沧桑的老人般沉静地端坐于村子中央的老宅，它们历经岁月的风雨，散发着深厚绵延的气韵；大芦村的魂是那些如守护神般屹立在村子各处的老树，它们历经几百年风雨而不倒，蓬勃如初，昭示着生生不息的生命长流；大芦村的魂还是那些以古楹联为代表的古文化，它们像一条溪水，流过一代代大芦村人的心田，浸润到他们的血脉里；大芦村的魂更是优美的生态环境，给古韵悠悠的大芦村平添了几许秀美。

从灵山县城出发，驱车五公里便到了灵山县佛子镇大芦村外。村口，一座古典韵味十足的大门端庄大气，大芦村曾被誉为“中国历史文化名村”、“广

鸟瞰大芦村（灵山县美丽办供图）

西楹联第一村”和“中国最美休闲乡村”。全村以汉族为主，杂以苗族、彝族，总人口5000多人，农民收入主要以种植业和养殖业为主。这些年来，大芦村在市、县新农村建设队和佛子镇党委政府的指导帮扶下，积极发展荔枝、椪柑等特色产业，大力培育以养蛇、养兔为代表的新型养殖业，建设了荔枝、龙眼、椪柑等无公害生态园，树立了“三月红”荔枝和椪柑等特色产业品牌。最值得一提的是，这个村有较为庞大的明清民居建筑群、以古楹联为代表的古文化和几百年树龄的古树。

一条宽阔平坦、干净整洁的村级水泥路穿过大芦村的大门，直通向村里。水泥路两旁，地里的庄稼一片青翠，不远处山坡上的果林茂密葱茏。前方的村子越来越近，扑面而来的，是古树簇拥下青砖灰瓦的古宅和雕花红棱的特

大芦村口（灵山县美丽办供图）

色新居。穿过一座上书“大芦福地”的大门，眼前呈现出一个近40亩的大池塘，水泥路沿池塘边左右分叉，伸向村庄深处。我们的车子停在了右侧道路边上。眼前，古宅整齐划一，新居错落有致，池塘里水光潋滟，四周的荔枝树、古宅、新居和蓝天白云倒映水中，相映成趣，令人不由得感叹，传统与现代，人与自然，竟如此和谐。

十五世纪中期以前，这里还是一片芦荻丛生的荒芜之地。明朝嘉靖年间，县儒学廪生劳经卜居这里，成了大芦村劳氏的始祖。自此，劳氏先人像勤劳的耕牛一样辛勤开发，艰苦创业，经过一代代人的努力，才使这里成为一片杂居着15个姓氏的富庶之地。在这里，大家亲如一家，和睦相处，生活怡然自得。

## 青砖灰瓦，雕梁画栋

在漫长的岁月长河中，大芦村的先民们勤劳、智慧，从明朝嘉靖二十五年(1546)起，就开始因地制宜，充分利用宅前的低洼地，就地取材烧砖烧瓦，循着山形地势建造宅院，并附形造势，利用低洼地蓄水成湖。同时，在宅院旁边及周围的池塘边种上古�树（大叶榕）、樟树、荔枝树等。至清朝道光六年（1826），逐步完成了九个建筑群落共十五个大型宅院的建设，并以建造时所在地的物产或地形标志，分别给各居民点命名始园、茶园、丹竹园、杉木园、黄茅园、陈卓园、樟木屋、牛路塘、路强塘等。古宅占地面积45万平方米，总建筑面积达22万多平方米，是目前广西最大、保存最好最完整的明清民居建筑群。

镬耳楼、三达堂、双庆堂、东园别墅、蟠龙堂、东明堂、陈卓园、富春园和劳克中公祠等九个建筑群落精致典雅，秩序井然，主次分明，紧密相连，各有呼应。在各个群落以内，分别由地形自内而外依次增高的三至五个四合院串联，以廊道分隔并列的祖屋和辅屋组成一个整体。每座宅院少则两进，多则五进。“进”数越多，表明宅院主人的地位越高。宅院的进与进之间都有一个天井，天井两边是耳房，最里面一进的大厅供奉着先祖的牌位。每座宅院的大门除了厚实坚固的两扇门板外，还有可以来回移动的拖笼。拖笼可以

古宅大院（陆荣斌 摄）

说是古代的防盗门。在中间的每进大厅，都有一个个门口通向两边的厢房，廊道或小巷又把每座厢房连接起来，处处通达，好似迷宫。

每座宅院的建造不仅讲究建筑格局的对称，如每进两边的廊道对称、厢房对称等，还讲究风水，注意与周围环境的和谐，即依山而建，临水而居。在无山可依无水可临的情况下，就因地制宜，利用屋前低洼地开凿成湖，并在屋后种植树木以做靠山。也特别注意“金、木、水、火、土”的相克相生。在每座宅院里，都少不了这五行。宅院本是砖木结构，墙体都是用砖头砌成的。砌墙用的砖头一般有熟砖和生砖两种，熟砖耐水、耐压，用在外墙和墙体下部，生砖用在墙体的里面。熟砖即青砖，是用火烧制过的；生砖则是用水和泥制成且没有烧制过的泥砖。如此，加上屋顶的房梁、瓦片翘角里的铁丝和门上的铁质门环，一座屋子所必须具备的“金、木、水、火、土”就齐全了。

每座宅院也各具特色。无论是最古老、结构功能最齐全、最恪守规制的祖屋镬耳楼，还是规模恢宏、装饰富丽堂皇的东园别墅，抑或是宽广高敞、

小巷深深（陆荣斌 摄）

讲求实用和居住舒适的双庆堂等等，无不透露出明显的岭南建筑风格，极富艺术性和深厚的民族文化底蕴。当时，在各个宅院中，长幼起居，男女、主仆进退，都有严格的规定。房梁、柱础、斗拱、檐饰脊饰的石刻、木雕构图精美，寓意深刻，保留了许多“十里不同风”的习俗，可以让人欣赏到明清建筑及其装饰艺术，了解到当时的宗法制度及风俗民情。

因了这古朴的风貌和浓厚的文化底蕴，广西电影制片厂选择这里作为外景拍摄基地，著名演员唐国强、王铁成曾在这里拍摄过《黄土地》、《周恩来》等电影，《寒秋》、《红军村》等电视连续剧把这里当作主要外景拍摄地，中央电视台、香港亚洲卫视《走进中国西部》等到这里拍过专题片，各地的游客、摄影爱好者纷至沓来，一睹古宅的风采。

古宅的保护和发展必须走旅游开发的路子，可是，如何处理好保护和开发之间的关系？大芦村在发展的过程中，尽量注意保持古宅的人文特色、地域特色，保护古村落这片轻松、愉快、祥和的天地，预防过度的商业开发对古村落及其脆弱的自然、文化和生态环境造成威胁和破坏，影响古村落的原生态和人文魅力。

老旧的青砖灰瓦和雕梁画栋、被踩成凹槽的门前石板和廊道、门楼上保存了一百多年的轿子……徜徉在空旷、寂寥的古宅院，时光的印痕依然清晰可见。古宅的后人很多都搬到了新建的房子，但仍有一些人家还居住在这深深的宅院里。一位老奶奶在大厅里剥白豆，她的白狗在她跟前摇着尾巴，孩童在门前玩耍……

## 广西楹联第一村

大芦村劳氏家族资富能训，他们的一世祖劳经创建镬耳楼休养生息，二世祖劳廉秀创置千岁坟垌数百箩田租，四世祖劳弦为家族开功名先例奠定了基业。而后，历代子孙秉承祖先的优良传统，克勤克俭，也曾为家族的飞黄腾达添砖加瓦，争先露面。到清光绪十三年（1887）的340余年间，大芦村劳氏累计不到800人，却培育出县、府儒学和国子监文武生员102人，47人出仕做官。科宦之众，使得劳氏家族基业得到不断充实和扩展。那时的灵山民间流传，大芦村劳氏从自家门前走到当时广西的横州百合镇近一天的路程，不用踏进外姓的一寸土地。据统计，当时大芦村劳氏家族每年仅用于扫墓一项的田租约折合有11.5吨粮食。大富大贵，官绅无不为之侧目。

大芦村劳氏的兴旺发达，历久不衰，首先得益于他们非常注重教育兴家，因材施教；其次是重视家庭教育，有一套严格的族规来约束子孙。在劳氏家族中，长者“善足先开，谋能裕后”，后辈守高曾之规矩不愆不忘。这在各处古宅的传世楹联、匾额中都有所反映。他们当中，像道光十七年考选全国第一名拔贡的劳念宗那样出类拔萃的不乏其人。劳氏古宅群的门口、厅堂和楼房上至今还悬挂牌匾17块，其中镬耳楼祖屋4块，三达堂7块，东园别墅6块，大致上可分为居室标记匾、科名匾、诰封匾、贺匾四类，都是清朝时期的。这些熠熠夺目的金字匾额尽管雕刻表现手法有阴有阳，色彩或鲜红或绛红或棕红，纹饰有繁有简，尺寸规格大小不一，但从其所处的位置也能大概区分出题赠人身份地位的差异。皇帝的御赐匾，高悬厅堂以炫耀家室声望。两广总督、巡抚、布政使、学政等政要的贺匾，布置在门楼和主屋第一进及“官厅”这些显眼的地方装饰门楣。至于知县等地方官和社会贤达那些寓意吉祥、书法雅观的题赠，则挂在内屋的门楣上缀饰居室。在劳氏古宅里，主人妙用匾额饰美以壮观瞻，充分体现了匾额的艺术价值、文物价值。

细细算来，明清两朝赐予大芦劳氏的御赐匾额和总督、巡抚、布政使、知县、学政等达官显贵贺赠的诸如“拔元”匾、“贡元”匾等各种匾额共48块，如今保存下来的有 30块。这些牌匾依附于古宅，充分体现了其艺术装饰美及文物价值。而这些古宅又由于匾额饰缀显得格外庄严，使其本身所蕴含的文化气息和人文意识得到恰到好处的开掘，令人有超乎寻常的理解和体验。

劳氏古宅群所蕴含的文化内涵，楹联占了很大的分量。仅在镬耳楼祖屋、三达堂、东园别墅、双庆堂和劳克中公祠里，那些自明清两朝以来沿用了数百年、位置固定的楹联，据调查整理出来的就有三百多副。这还不包括现代大芦村劳氏后人所创作的新联。这些楹联工整规范，格调高雅，积极向上。如果以应用范围分类，大体上有居室联、器皿联，以及包括春联、婚联、寿联、交际联等在内的各种喜庆联、抒情寄怀联、格言哲理联和技巧妙趣联等。在表现形式方面，每联一句的有四至十八言联，每联四句以上的则稍少见。

漫步在古宅里，这些楹联随处可见。在门边，在廊柱上，它们或被镌刻

文化积淀“贡元”匾（陆荣斌 摄）

祖屋镬耳楼（陆荣斌 摄）

在木板上以古朴的面貌示人，或被书写于鲜红的纸上呈现——

镬耳楼第一进大门两边的“大家露湛；芦合云连”，以及镬耳楼和三达堂通用的“门前绿树双环翠；户外方塘一鉴清”，这些楹联写景状物，不难看出古宅所处环境的优美。镬耳楼祖厅的两副楹联“惜食惜衣不但惜财兼惜福；求名求利须知求己胜求人”和“读书好耕田好识好便好；创业难守成难知难不难”，勉励子孙后代要自强自立。东园别墅主人劳自荣所撰嵌字联“东壁列图书，任从教子教孙，善教家齐终有庆；园庭攻翰墨，当勉成仁成义，名成身立自流芳”，这副楹联是劳氏家族的家训。其他的如“书田种粟；心地栽兰”、“东壁书有典有则；园庭诲是训是行”、“文章报国；孝悌传家”等等，则关于修身、立德、创业、持家、好学、忠孝、报国等。清朝乾隆年间壮族文学家马敏昌的题赠联“积善之家必有余庆；资富能训惟以永年”，对古宅中人的思想和基业不断充实作了很好的诠释。

劳氏古宅各处群落的楹联，其外在形式和思想内容都集中统一在劳氏家族和该场所的特定环境氛围里，有着非常明显的地方文化和宗亲观念特征，具有一定的历史价值和文学价值，是一份珍贵的遗产。劳氏古宅群及其民族文化底蕴，能较为完整地保留至今，与楹联的规模有关，也与楹联所反映的劳氏家族历来重视修身、持家、创业、报国的传统密切相关。

古宅里的楹联世代相传，几百年来从来没有变过。逢年过节或遇上喜事庆典，就叫村里的书法家把这些楹联写在红纸上，并贴到固定的位置上。小时候，和伙伴们在老宅的各个地方贴楹联是一件很开心的事。在看大人书写，他们负责拿去张贴的过程中，就又多了一次重温楹联的机会，让楹联的内容再次驻足心里，潜移默化中，就对个人的成长产生了一定的影响。那种影响，是久远的。

有意思的是，在东园别墅的大门外，门两侧的木质楹联上写着“东来紫气；园茁兰芽”，同时也悬挂着一副充满时代气息的楹联，用大红纸书写着“荣升大学；光宗耀祖”，横批是“振兴中华”。

四百多年的历史沧桑，岁月的冲刷和风雨的洗礼，或许能侵蚀古老的宅院，但对于氤氲其中的深厚的文化底蕴、重教兴学的传统和耕读传统，今天的大芦村劳氏后人依然坚守和继承着。早些年，他们与同村的农友团结协作，探索出椪柑密植的高产经验，一起被称为“改写教科书的大芦村民”，充分展示了包括劳氏在内的大芦村人的聪明才智和精神风貌。

古宅楹联赋新意（陆荣斌 摄）

## 文章显世，红顶当头

在大芦村，更多的是树。

村里村外，从山坡上到田野边，从湖岸边到农家的庭院，一棵棵荔枝树、香樟树、古桂木树蜡干虬枝，绿荫如云，苍翠挺拔。村子置于其间，更显深幽。走在村里，不时还会发现，你走过旁边的那些枝干虬曲苍劲的古荔枝树，它们都有上百年甚至两三百年的历史了。大芦村人历来有喜欢种树的传统。以前，每当家里添丁，族人会按照当地的传统习俗，在房前屋后栽种几棵荔枝树。如今，在村口池塘的一角，有一棵拥有420多年树龄的古荔枝树，就像一棵巨大的盆栽植物，让人心生感叹。大芦村的先民该是有多好的生态意识，才使一棵古荔枝树穿过岁月的烟云来到当下。在这最古老的荔枝树附近，树龄两百多年的古荔枝树比比皆是。它们一字儿排开在池塘边上，共同见证着大芦村的发展。

在一棵两百多年的古荔枝树下，两个老人面对面地坐在一张桌子的两边，正认真地在一本本小册子上写着什么。走近一看，才知道他们是在为即将到来的岭头节做准备，筹集一些香资。岭头节就是农历八月十八日的庙节，又叫还年例。这一天，大芦村家家户户竭塘捕鱼，宰鸭设宴，祭祖敬神，亲朋好友不请自来一起开怀畅饮，共话当年风调雨顺、五谷丰登、六畜兴旺。到了晚上，又一起到社前观看世代相传的“老师班”表演延续了千年的传统民俗“跳岭头”，直到第二天天亮。

除了古荔，村里还有古老的古桄木树和香樟树的风采。

在镬耳楼后边的花园边上，七棵古桄木树集中在一大片空地上，繁茂的枝叶遮天蔽日，把整片空地都覆盖住了。这七棵古桄木树，大的一棵得大约十个成年人才能环抱过来，小的一棵也得五六个成年人才能环抱过来。每一棵的树干上还有或大或小的树洞，旁边还有石板搭成石椅以供村民闲时到树下坐坐。

这七棵古桄木树和三达堂古宅前西侧的两棵香樟树都是劳氏祖先于清朝康熙二十三年（1684）亲手栽种的，至今已有331年的历史。

三达堂古宅前西侧的两棵香樟树盘根错节，枝柯交错，绿荫如盖。因为巨大的树枝将要垂到地面上来，村民担心树枝会折断，就在树枝中段筑起水

拜祭祖先（灵山县美丽办供图）

郁郁葱葱的古梿木树
（陆荣斌 摄）

泥柱子，装饰成树干的样子把它支撑起来。这两棵香樟树是“鸳鸯树”，靠前的一棵是男子，靠后的一棵是女子。稍微留意，就会发现后面那棵香樟树略微向前倾，其中的一根树枝还伸到前面的一棵，有点像女子想把手搭在男子肩上却似乎感到害羞的样子。

在村民们眼里，村子里的古梿木树、香樟树和古荔枝树构成了“文章显世，红顶当头”的喻义。你看，古宅后面的古梿木树的“梿”和“笔”谐音，是笔；古宅前面的这个池塘像砚台，是墨；樟树的“樟”和文章的“章”谐音，是文章；而成熟的荔枝就像当时官员头上的官帽，这不就是“文章显世，红顶当头”了嘛。

前人种树，后人乘凉。在一棵棵古树下，大芦村的村民们恬淡自然，或聊天，或制作民俗小工艺，或下象棋，其乐融融，和古树古宅构成了一幅和谐的生态乡村美丽图景。

## 旧村显活力，古树发新枝

大芦的美，曾让清朝嘉庆年间的诗人吴必启作诗赞叹："宅绕清溪耸秀峰，松林鹤友晚烟笼。小楼掩路斜阳外，半亩方塘荔映红。"

可是，也曾有那么一段时间，"污水乱排、垃圾乱倒、粪土乱堆、杂草乱垛、禽畜乱跑"成了古村环境的写照。面对古村存在的"脏、乱、差"现象，大芦村人决定大力整治，还古村以曾经的美丽。

在政府的支持帮助下，大芦村人精心统筹，合理规划，严密部署，以"创建国家4A级旅游景区工作"和"实施大芦村国家历史文化名村基础设施建设"为契机，结合清洁乡村活动和自治区农村环境连片整治示范项目等，积极争取上级资金，加强对古建筑群落及其文化历史的保护，进一步完善村里的基础设施，修建村级水泥路，维修文化设施，建设游客服务中心和迎宾广场，进行房屋立面改造，对古牌坊和农贸市场进行整治建设。同时，清理了路强塘、榕树塘、水井塘、牛角塘等池塘里的淤泥，改造了水域驳岸的环境，铺设了池塘周边的生活污水收集管网，还建成了微动力集中式农村生活污水处理设施，配备了勾臂式垃圾运输微型车、人力三轮车、可移动垃圾箱和固定垃圾桶等。

一番改造和整治之后，古村又重新焕发了生机。

为了让这份美丽保持下去，大芦村人集思广益，想出了一套属于他们自己的管理模式。大家齐心协力，分工明确，各司其职。村党支部书记和村主任对全村的清洁工程负总责，负责全村清洁工作的总调度、总检查；大芦村劳氏协会充分发挥自身作用，负责对村民卫生行为进行劝导和定期开展室内卫生情况检查评比活动；村委会、村旅游办、村民小组组长和群众代表形成合力，在驻村工作队的组织下，每月定期在全村开展大排查、大清理活动，清除景区周边及道路两旁的各种垃圾，打捞景区周边池塘里的漂浮物，清理转运垃圾收集池垃圾；村小学学生在学校老师的组织下，每周到村里的公共

山清水秀生态美（陆荣斌 摄）

场所开展一次义务劳动。同时，大家共同商议，实行“四个一点”（群众集资一点、村委会出一点、村旅游办出一点、争取上级拨一点），积极筹措资金，按每300名居民聘请一个保洁员的原则，聘请了18名专职保洁员，给他们划分责任区，明确工作职责，让他们具体负责全村的日常保洁工作。

如今，崭新的门楼迎接四方来宾；村里的农贸市场秩序井然，一派欣欣向荣的景象；与镬耳楼隔水相望的休闲娱乐广场宽阔而富有现代气息，各类健身器材靓丽夺目；干净整洁的村道两旁，因地制宜种着的各种珍贵苗木和花草与老树们同沐春风；池塘里的水清澈如初，可以看见鱼儿在欢快地游弋……

古意盎然的大芦村，不知不觉中又增添了别样的美。

这美，是生态的美。

这美，让人时刻感受到安静与平和。■

陆荣斌 / 文

# 深山里的“大观园”

## ——浦北县龙门镇瓦鱼埇村

一个年轻人走出大山深处，见识了外面的世界，带着资金、技术回到家乡，改变了家乡的人居环境，也带来了新观念、新气象，这本身就是一个传奇。

### 瓦阁更颜千秋盛，鱼埇换貌万代兴

但凡喜欢《红楼梦》的人，没有不被大观园吸引的，这座古典园林散发出来的特殊光彩，总让人惊心炫目，如亲历其境。每每读到里面的楼阁轩榭、树木花草，总让人遐想联翩、掩卷寻思，神往于作者那支出神入化的笔，所描绘的绚丽多彩而又细腻逼真的风光，给人以浓烈的美的享受。这人间难觅的世外仙源，或许只存活于《红楼梦》里，只存活于我们的梦中。

然而，在钦州市浦北县龙门镇大山深处，有一个叫瓦鱼埇的村庄亦被人们誉为“大观园”。虽然它没有红楼梦里的大观园宏大富丽，但它新颖别致的庭院建筑和精心布置的琳琅景致，不仅清新自然，富有诗意，而且浑然天成，别有趣味。

瓦鱼埇村，位于长平村委东部，距村委会1公里，距龙门圩镇4.5公里。

土地总面积859.5亩，森林覆盖率85.6%。全村共有农户22户106人，皆为汉族。其中，中共党员2名，长期外出创业人员有50多人。经济收入主要是外出务工和在家养殖，2014年全村人均纯收入1.1万元以上。2014年荣获“清洁乡村百佳”荣誉称号，成为全县生态新农村建设的亮点。

带队的是镇乡村办办公室主任叶宣委，他得知我要去瓦鱼埇村采访，二话不说就开车带我上路，路上除了闲聊外，叶主任并没有对我过多地描述瓦鱼埇村情况。也许，他对这样的采访、参观、考察，已经习以为常了。

一路是平整的水泥路面，道路两边是低矮的山丘，大片大片的稻田和香蕉林、柑橘林在车窗外掠过，有些山上还长满了神奇的红椎树，树下生长着红椎菌，这可是名副其实的山中珍品。勤劳的人们，在这片肥沃的土地上，把山沟平整出来变成了水田，把丘陵修垦出来变成了旱地，把智慧和汗水挥洒出来变成了一副迷人的江南水乡画卷。

沿着水泥路走了3公里左右，在一个拐弯处，一个高大的门楼突然出现在

瓦鱼埇全貌（龙门镇美丽办供图）

眼前。我们把车子停在路边，下车在门楼前观赏。

门楼是汉族的传统建筑之一，它是人们富裕的象征，所谓门第等级即为此意。这里的门楼和别处的门楼并无大异，呈三门状，柱子为黛青色大理石建筑，两边门楣用瓷砖画代表雕砖，一边是迎客松图，一边是鱼跃龙门图。中间大门的门楼用钛金写着“瓦鱼埇村”四个金光闪闪的大字，柱子两边还写着一副对联，尽管因为时间较久，有些字已剥落，但从痕迹仍可看出内容：“瓦阁更颜千秋盛，鱼埇换貌万代兴”。楼顶是金色琉璃瓦，看起来颇有辉煌意味，上面有双龙戏珠的雕刻，栩栩如生，威猛大气，寓意吉祥喜庆、昌盛兴隆。

“你能看出对联的奥妙吗？”叶主任问。

“这是藏头对联，上联的第一个字和下联的前两个字就是村名。”我说。

“慧眼！”叶主任赞叹道。

这时，一位大叔开着摩托车出来，见到叶主任，便用当地白话打招呼：“叶主任，几时嚟咧（什么时候来的）？”

村口门楼（郭丽莎 摄）

“嚟某几耐（没来多久）！”叶主任说。

“你和村民都挺熟的嘛！”我说。

“你听得懂？”叶主任奇怪地问。

“其实我也是浦北人。”我说。

“难怪，那我们就用白话交流。我是这里的常客了，所以和村里人都很熟。”

我们弃车徒步前行，干净整洁的水泥路两边，种着浓密的风景树，树叶遮天蔽日，树外面是低矮的灌木丛，一些不知名的野花开得异常鲜艳。在树荫小道下行走，凉风习习，鸟鸣啾啾，让人心旷神怡，如沐春风。

走了几分钟，眼前豁然开朗，一个气势不凡的园林展现在眼前。沿着林荫小道走过去，左边是一片绿油油的稻田，右边则是一口波光粼粼的清湖。湖堤的周围砌满了大大小小的石头，鬼斧神工，浑若天成。岸上种满了柳树，柳条垂在湖水里，随微风轻轻摆动。湖边一条由细小鹅卵石铺就的休闲小道蜿蜒在草地上，沿着小道进入一个花园，高大的棕榈树在草地上拔地而起，各种名贵的植物和花草毫不吝啬地尽情释放着自己的风姿。

从湖边经过，走进村里。中间是一个标准的篮球场，两边安装有路灯，篮球场旁边还有一些健身器材，器材中间还修建有一方小凉亭，金色的琉璃瓦在阳光下散发出耀眼的光芒，想必是方便锻炼的人休憩。健身器材再过去，就是几步阶梯，走上去是一座木制凉亭，木纹清晰可见。篮球场右边是一个大亭子，白色的墙壁，青色的琉璃瓦，瓦檐下也是一幅双龙戏珠的图案。上面挂着一个牌子“瓦鱼埇村俱乐部”。亭子的外面是一池的荷塘，荷叶连连，几株粉色莲花点缀其中，阵阵清香扑鼻而来。尤其吸引我们的是，球场的左边，有两栋房子和南方的房子毫不相同。白色的墙，青色的琉璃瓦，风格别样，韵味十足。在这里，假山、湖水、亭台错落有致，相映成趣。正当我们沉醉其中的时候，一个精瘦黝黑但精神饱满的中年男子出现了。

叶主任和他握手后就介绍：“这是瓦鱼埇村的曾队长，这是《人居广西》的记者。”

曾队长为人随和，闲聊中我们问起那两栋特别的建筑，曾队长告诉我们，那是新建的徽式建筑，一共有24套，每户村民分得一套，现在都已经住进去了。而中间那两排旧房子，之所以不拆，是因为他们是祖先刚来建村的时候

湖边凉亭（龙门镇美丽办供图）

遗留下来的房子，非常有纪念意义，所以要加以保护。而在徽式建筑附近，有几个独立的小院，里面建着两到三层的楼房，装修的样式比较新颖时尚，就像别墅一样。

徽式建筑是汉族传统建筑中最重要的流派之一，作为徽文化的重要组成部分，历来为中外建筑大师所推崇，流行于徽州一带。它依山就势，构思精巧，自然得体；在平面布局上规模灵活，变幻无穷；在空间结构和利用上，造型丰富，讲究韵律美。把这样的建筑放在这里，沿着山坡顺势而下，不仅是因为地势的原因，更是因为它集山川风景之灵气，尤其是错落有致的墙线、马头墙、琉璃瓦，使整个建筑精美如诗，和这里的景致融为一体。

曾队长带我们走上台阶，我们看到有两个中年男人正在池塘里用火钳把池塘边的塑料袋夹起来，然后放进身后的蛇皮袋。

曾队长对他们喊道：“辛苦晒啰火，琅位（辛苦了，两位）！”

“差唔多捡齐嘅啦（差不多捡完了）！”两人应道。

原来，这两位是村里的卫生监督员曾业钦和曾念雄，主要负责村里的卫生巡查、垃圾清理、宣传教育、检查评比等工作。村里还聘请了保洁员，负

绮丽小院（郭丽莎 摄）

责村内主要道路、河道池塘边、公共场所的日常清洁，确保路面无垃圾、无堆积物，水沟渠道清洁干净，还有对垃圾池、垃圾桶的垃圾进行收集、处理。保洁员的第一个要求，就是要热爱保洁工作，因为只有热爱，才有责任。他们的工资，则是县里拨一点，村民自筹一点。虽然工资不高，但是他们都很积极，并引以为豪。难怪我们所到之处都整齐干净，原来都是得益于他们的辛勤付出。

曾队长说，几年以前，我们这里连一条像样的路都没有，蹲的也还是茅坑，如今这里建设得如此漂亮，每一个人都非常珍惜。为了让村民“居有所乐，住有所安”，特别制定了《瓦鱼埇村村规民约》，分为清洁家园、清洁田园、清洁水源、邻里关系、村风民俗五大内容。其中清洁家园要求各农户落实户前三包、推行家庭圈养、实行卫生厕所，还严格要求村民们垃圾不能乱丢、脏水不能乱泼、粪土不能乱堆、工具不能乱摆、棚舍不能乱搭等等。清洁田园主要禁止在田里丢弃农药和肥料的包装袋、禁止焚烧秸秆、禁止捕捉田间地头的鱼苗等等。清洁水源则禁止在水源处洗涤、使用农药、乱倒垃圾等。邻里关系则要求村民们互尊、互爱、互助，和睦相处，建立良好的邻里关系。村风民俗则规定村民尊重当地的风俗传统，提倡社会主义精神文明，不搞装神弄鬼的迷信活动。

如今的瓦鱼埇村村民，几乎都把过去的陋习改正过来了。没有人再随意扔垃圾了，也没有人随意让家禽牲畜出来随地大小便了。如果看到小孩子乱丢垃圾，大人立刻对小孩批评教育，让他们知道，乱丢垃圾是一种不文明的行为。

叶主任总结说，瓦鱼埇村是通过积极发挥党组织、村民自治组织、农村社会组织“三驾马车”作用，激发村民自我管理、自我服务、自我发展的热情，把瓦鱼埇建设成为一个风景如画、产业发达、民风淳朴、管理有序的社会主义新农村，打造了农村社会管理“瓦鱼埇”模式。

“党组织？”我问。

“对，瓦鱼埇村把党支部建立在自然村上，成立了龙门镇长坪村瓦鱼埇党支部，明确了领导机构、支部委员职责，完善了各项制度，把党组织的触角延伸到社会管理的各个角落。发挥党组织在新农村建设、调解矛盾纠纷、维护村级稳定、加强文化建设等方面的核心领导作用，夯实农村社会管理创新基础。现在，别的村也在学这种模式。”叶主任说。

瓦鱼埇村里还有几处建筑也是充满了古典韵味，像农家书屋、妇女心理室、党支部等等，这些都统一分布在一排房子里，走廊上挂的古典灯笼随风摆动，韵味悠长。

洁净垃圾桶（龙门镇美丽办供图）

新楼房前，大多数人家门口都挂着“门前三包文明户”的牌子，而且都贴着春节遗留下来的对联，如“接福接财接平安，迎春迎喜迎富贵”，“新春大吉丁财旺，佳年顺景发大财”。这些春联不仅写出了现在的美好生活，还道出了人民朴素的愿望。我们看到有一户人家开着门，里面传来电视的声音，循声而去，看到屋子里一位年轻的母亲正抱着孩子看电视，旁边还坐着几位老人，一派安静闲适的样子。

曾队长说，现在村里大部分男青年都外出打工了，而且收入不少，所以村里的老人、妇女再也不用像以前一样披星戴月地做农活了。一般稻谷、蔬菜种得合适自家吃就行了，如果还有闲暇时间，就锻炼锻炼身体，或是到村里的公司上上班。花园式的生活环境，休闲自在的生活方式，这是多少人追求向往的生活啊！

## 借得山川秀，添来气象新

村里变得如此漂亮，村民能够不花一分钱住上新楼房，还得益于一个名叫曾业华的人。瓦鱼埇村有50多人外出创业，卓有成就的就有12人，曾业华则是其中的佼佼者。曾业华1992年创办的广西晨华投资集团有限公司，如今是以产业经营与投资为主的现代化企业集团，涉及钢铁贸易加工、仓储物流、房地产开发及对外战略投资等众多领域。

这位从大山里走出去的成功人士，富裕后没有忘记反哺家乡。浦北县建设社会主义新农村的浪潮掀起后，曾业华听说家乡要开展新农村建设，2007年以来，每年都多次从百忙中抽时间返回家乡了解新农村建设情况。为了高规格建设家乡，曾业华还专门从柳州聘请了三名规划技术人员到家乡来，对瓦鱼埇自然村的新农村建设进行了科学统一的规划，投入巨额的资金用于瓦鱼埇村的新农村建设。先后投资了2000多万元规划兴建新村，单单那两栋徽式建筑就花费了600多万元。他除了积极建设瓦鱼埇村以外，其他方面也慷慨解囊，先后捐资130多万元，铺设了龙门至长平村委长6公里的水泥路。赞助30万元给长平小学搞“两基”建设，为学校修筑围墙，并装修教学楼。

瓦鱼埇村从拆房到建房，村民们几乎什么都不用做，一切都是曾业华包办了，就连拆迁和施工的人员都是他从自己公司拉来的专业队伍，那段时间，瓦鱼埇每天都有上百名工人在村里干活。如果村民们闲不住去帮工，他会照样算工资给他们。不仅这样，旧村改造需要拆掉部分猪栏或厨房，曾业华都按谈好的价钱做好补偿，单单拆迁补偿就花费了50多万元。就这样，瓦鱼埇的人们不花一分钱，就住上了新房子，拥有了花园一样的园子。经过几年热火朝天的建设，瓦鱼埇村的各项基础设施建设不断完善，村容村貌发生了翻天覆地的变化，外村的人来参观，都看得眼花缭乱，不敢相信这里就是当年的瓦鱼埇村。

曾业华不仅给家乡授之以鱼，还授之以渔。

为了把瓦鱼埇村建成现代化的新农村，解决留守村民的就业问题，曾业华把全村的田地重新收上来，进行统一规划经营。在村里成立了“瓦鱼埇农业综合开发公司”。根据地势的不同，创办了鳖、鸭、鸡等多个养殖场，并专

花园一样的村庄（龙门镇美丽办供图）

门从自治区和浦北县聘请多名水产畜牧专家对村民进行技术指导。村民到村里打工，每月按时领工资，全村村民一下子变成了产业工人。

曾队长带我们穿过一条林荫小道，来到正在建设的生态猪养殖场，猪场干净整洁，异味不大，猪粪也得到及时清理，猪则肥大膘壮，3至8头做一栏分开饲养。曾队长说，2012年公司就成功地将“浦北黑猪”品牌打进南宁塞纳维拉五星级超市，自主销售，不仅促进农民增收，而且带动全镇养猪业的发展。

曾队长指着猪场外的一块空地说：“你看周围，都安装了围栏，我们下一步想把这里做成猪的操场。”

“猪的操场？”我们惊讶地问，并感叹说：“这些猪也太幸福了吧，住这么好的环境，还有操场娱乐！”

“出来活动的猪，肉质会比较好，而围起来是方便管理，不给它们到处乱跑，同时也是保护生态的一个手段。”

我和叶主任都称赞这样的想法的确难得。

随后，我们又来到了养鸽场和养鸭厂，不管是哪里，都统一规划，合理安排，做好清洁卫生工作，坚决不让粪土和气味影响周围环境。

曾队长带我们来到鳖的养殖基地的时候，已是下午，来到门口，一块落款为钦州市水产畜牧局的“休闲生态养殖基地”的牌子挂在门口。

瓦鱼埇龟鳖生态养殖科技示范园，是瓦鱼埇生态名村中最具科学试验示范潜力的场所，也是园区中经济效益较高的生产场所。该园的建设是集科研试验、繁殖与养殖示范、技术培训与旅游观光于一体的生态科技休闲示范园。

走进基地，一个个用水泥砌好的水塘出现在眼前，曾队长告诉我们，左边的水塘是幼鳖，右边的水塘是成年鳖。在波光粼粼的水边，几只爬上岸的鳖在阳光下探头探脑的，甚是可爱。

瓦鱼埇龟鳖生态养殖科技示范园总占地面积24.47亩，由三部分组成：一为龟类生态繁殖、养殖示范场面积2.36亩（其中繁殖、养殖水池面积864平方米，苗种培育池200平方米，孵化车间150平方米，绿化及通道面积320平方米）；二是名优鳖类生态繁殖、养殖示范场16.55亩（其中鳖繁殖池面积3.26亩；后备亲鳖培育池1.06亩；鳖苗培育池2.99亩；鳖养殖示范池面积9.24亩）；最后是塘堤绿化面积4.5亩、龟鳖科技展览与培训室占地1.06亩。

鳖俗称甲鱼、水鱼、团鱼和王八等，是一种深受广大消费者欢迎的水产品。鳖肉味道鲜美、营养丰富，不仅是餐桌上的美味佳肴，而且是一种用途很广的滋补药品。加上这里养殖喂的都是草料，没有饲料，而且都是活水养殖，因此肉质口感好，备受人们青睐。每年来这里订货的人络绎不绝。

在基地，我们遇见了广西水产技术推广总站的技术员谭乃淙，他是曾业华专门请来规划管理养鳖场的。谭乃淙说，现在这个基地每年的收入也有50多万，当然和曾业华投资总额相比就小巫见大巫了，但他说了，钱不是问题，关键是要把这个项目做好。现在这里有几千只种鳖，按照规定，这些种鳖分配到农户家去，养大后再回收，打响“瓦鱼埇”品牌，销售到外面去。谭乃淙说，曾业华并不急于要这个项目给他带来什么利润，而是希望这个产业能够融合到新农村建设中。

我们在基地里闲逛，看到水塘边上的空地种满了柑橘和阳桃。一树树的柑橘，已经泛黄，甚是诱人。水下养殖，水上种植，这样多种经济地发展，真是考虑周到。曾队长摘下几个柑橘递给我们说：“这些叫作扁柑，你们尝一下，别看它还青，但是不酸。”拨开青色的皮，发现皮很薄，而里面的果肉不仅厚，而且颜色透亮，迫不及待地塞一片进嘴，果然清甜，在这样炎热的天气里吃最好了。我们来到阳桃树下，席地而坐，稍事休息。阳桃树高大，叶子浓密，一簇簇的阳桃在树上散发出诱人的味道，清风徐徐，湖光粼粼，清

养鳖基地（郭丽莎 摄）

净得犹如远离的尘世，在这里工作，应该也是一种享受吧。

“曾队长，这都是你在管理吗？还请有工人吗？”我问。

“是我在管理，也请有工人，比如村里的龙惠莲夫妻就在养猪场、养鸽场、养鸭场工作，他们的一儿一女，在柳州曾业华的晨华公司里上班，每人每年都有几万块钱的收入。”

“工作不算忙吧？”我又问。

“不忙，有空的时候我在这里垂钓，惬意得很。”曾队长笑呵呵地说。

有了这些产业的带动，像“大观园”一样的美丽村子就有了支撑力和活力，而不是空有漂亮的外貌，让村民坐吃山空。所谓“产业兴则农村兴，农家富则百姓乐”。

曾队长告诉我们，瓦鱼埇村立足当地资源，定位于“绿的世界、鱼的海洋、鸟的王国”的生态文明新农村建设目标，实现了解决剩余劳动力就业和提高农民收入的双赢格局。现在总观村里的产业，主要有种植莲藕6亩，无核扁柑1000株，四会柑500株，兰花500株，建立养鱼场、龟鳖场、养鸽场、养猪场、养鸡场5个基地。而且这里发展经济，就是发展生态环保循环农业，以资源高效利用和循环利用为核心，坚持“农副渔并举，水田路综合治理”的原则，主要是以沼气池为纽带，以动物粪便（填料）+沼气池+沼气利用（生活燃料、照明、发电、抽水）+沼渣、沼液利用（用生物肥料浇果、木、香蕉等农作物），带动绿色农渔副产品生产。而大力发展养鸽场、养猪场、养鸡场，其粪便用于生产沼气，调整和优化了农业结构，使农、副、渔各业平衡发展。

现在，全村青壮年以上的劳动力基本都在公司上班，人人都有事做，过得忙碌而充实，没有谁对自己的工作和收入不满意的，而在几年前，生活环境不好不说，而且村里人因为闲得无聊，聚众打牌的人特别多。如今，这些现象都没有了。

从基地回来，路过村里的宣传栏时，我仔细看了一下里面的内容：2013年，“美丽广西·清洁乡村”活动启动以来，瓦鱼埇成了当年广西第一批17个特色名镇名村重点建设村之一。在上级党委、政府和本村有识之士的支持帮助下，对瓦鱼埇村进行规划建设。如今，已经建设完善了停车场、灯光篮球场、路灯、文体健身设施、入村道路水泥硬化、农产品展厅、门楼、环村排水沟、公厕、铺设水泥路面户间道等大批生态乡村基础设施和公共服务设施。

其中耗资600多万元的徽式别墅24套，总建筑面积3200多平方米，并在周围绘上了山水油画百米长廊；耗资500多万的俱乐部、人工湖、戏水乐园、假山亭台等配套设施；平整并绿化土地2100平方米，种植各种名贵树木250多棵，对布局较整齐的旧住房进行装修保护。2015年整合各类资金600万元建设生态猪养殖场，建成猪舍面积800平方米，引导产业发展壮大。建成230立方米沼气池，使大部分村民用上清洁能源。村里群众历来热衷于各类文娱活动，逢年过节自行组织活动，灯光球场、娱乐活动室就成了丰富村民文化娱乐生活的好场所。

如今，瓦鱼埇已经成了一个集生态观光、旅游娱乐于一体的社会主义宜居村。但是村里并不满足于此，全村正以“生态乡村”建设为契机，把乡村当作景点来建设，将生态观光、旅游娱乐、农业、养殖综合开发集于一体，将生态农业以“公司化”的形式发展，集合全村的力量全力打造新农村建设的示范村。

曾队长告诉我们，现在村里还在规划建设山坡上的桃花林、观光餐厅、九曲桥、道路改造、生态停车场等项目。其中九曲桥桥长48.9米，宽2.1米，桥中设景观平台1处，整个桥面面积约112平方米。并对进村两侧的人行道进行改造，改造长度约600米。生态停车场的规划则位于新建的展厅前，共规划8个3×5.5米的车位。

如今的瓦鱼埇村，许多人都慕名而来，对这里如诗如画的景色沉醉其中，流连忘返，我也不例外。望着这里的垂柳、亭台、楼阁和别具风格的建筑，它们静静在这大山的怀抱里，果真是“借得山川秀，添来气象新”。

叶主任见我在湖边的柳树下沉思，突然说：“你知道吗？瓦鱼埇还有一个美称。”

“什么美称？”我问。

“一个浦北妹子最想嫁的地方。”叶主任说。

“哈哈，的确也是，嫁到了这里，可以时而沿着池塘散步，走在绿色的花园里赏花，赤脚踩在软绵绵的草地上；时而坐在亭台楼阁里欣赏美丽的荷花池；抑或在小桥边做做健身，打打篮球。如此惬意的生活，任谁都不会拒绝吧！”

“那你回去就帮我们宣传宣传，我们村的小伙子可都是务实型的。”曾队

养鸭场（龙门镇美丽办供图）

养鸽场（龙门镇美丽办供图）

长说。

“经济实用型的。”叶主任补充说：“你也可以考虑考虑！”

“我就不考虑了，不过我会让我女儿考虑考虑的！”我说。

大家说笑间，我们已经沿着林荫小路走出了村，再回头看，午后的瓦鱼埇村在阳光下散发出一种祥和雅致的气息，不觉地让人又想起红楼梦里的诗：

衔山抱水建来精，
多少工夫筑始成。
天上人间诸景备，
芳园应锡“大观”园。■

郭丽莎 / 文

# 防城港

F A N G C H E N G G A N G

# 边海古村铸传奇

## ——东兴市东兴镇竹山村

集“边、海、古、奇、生态”于一身，竹山村以其独特的地理位置和突出的人文景观，成为广西颇具特色的沿海村落之一。

### 百年风云，历史丰厚

提起中国大陆的海岸线，就不得不提到位于中国大陆海岸线最西南端的竹山村，这里是中国海陆交汇处，与越南芒街隔河相望。从东兴市驱车直达竹山村也只有12公里的路程。别看竹山村靠海，全村面积却有11平方公里之多，耕地面积达到3000多亩，海岸线长21公里，陆地边境线长4公里。这里拥有一个千吨级良港——竹山港，古老的海港一直背靠大西南，面临北部湾，是古时防城境内的出海大通道，也是古代交趾和内地必争之地。

竹山村依山傍海，风景如画，四季如春，在这里可倾听海浪拍岸的涛声，领略异国风情，赏尽海、陆、天融为一体的绝色风景，堪称人间一绝。它还拥有中国第二大红树林保护区——北仑河口红树林保护区。独特的资源优势和人文环境，使竹山村先后荣获“中国最美休闲乡村”、“广西首批特色旅游

零点界碑

名村”等称号。

在防城港市乡村办钟科长和东兴市乡村办副主任郑爱强的陪同下，我来到了竹山村的标志建筑之一——大清国一号界碑。界碑矗立在一座新修的景观八角亭正中，上面刻有“大清国钦州界”几个朱红大字，再看题首刻的是“光绪十六年二月立”，落款是“知州事李受彤书”。为了保护石碑，村里人特意在它的周围用玻璃板镶嵌起一个围栏，以免遭到人为破坏。在界碑不远处的墙壁上都分别新建了文化宣传栏，对界碑的历史掌故加以说明和解读。

东兴市乡村办郑主任介绍说，自清洁乡村建设活动开展以来，东兴市以打造竹山村作为自治区级生态示范村为契机，全力在竹山村内开展各项创建活动，村容村貌得到极大改善。以前界碑周围杂草丛生，垃圾随处可见。为了给村民和游客一个优美的环境，也为了保护这个难得的历史景观，村里把界碑景点作为重点整治的对象。如今界碑旁已经绿草青青，树木高耸，村里几乎每天都有人来这里搞卫生。

早在1885年6月9日，清政府和法国（当时越南为法国殖民地）在天津就已经签订《中法越南条约》，定明“边界自竹山起界，循河自东向西，到东兴、芒街，此段作河心界限”。因此，河心以北是我国领土，河心以南是越南领土，两国正可谓一衣带水，山水相连……

让我们再把时间往前推移，秦汉时期，交

大清国一号界碑

趾和内地的通商基本上走的是水道，而那时的商船吨位不大，所以人们就选择了竹山这个最便捷的出海通道。唐宋时期，竹山港归如昔都管辖，开宝七年（974），宋朝开始在这一带设防巡使臣，驻扎巡兵，以防交趾。1427—1440年，有个叫黄金广的峒长带领防城沿海靠近安南的澌凛等7个峒99村272户居民背叛明朝投靠安南，使竹山脱离祖国达13年之久。1539年前后，竹山及其周围思勒等4峒也曾一度被安南占领。1540年嘉靖帝派大司马毛伯温率20万大军讨伐南蛮收复失地。在此期间，竹山成了国际自由贸易港口，安南和内地的商客可以在这里自由进出，自由通婚，很多安南的阿妹都来这里相亲嫁给内地的阿哥。1744—1755年，为了防止倭寇和安南的侵扰，两广总督策楞命令在东兴永乐街口经罗浮到竹山15公里长的海防线种植簕竹，且为了降低边界地区的人口增长率并减少家庭纠纷，下令禁止娶安南阿妹。1832—1833年钦州州判沈炳文会同安南土目协助钦廉知州共剿狗头山海寇，在竹山对面的海域大败海寇，平定了这一带的海匪作乱。

1908年3月28日，孙中山派遣同盟军会会员黄兴到钦防一带活动，宣传革命思想，培养起义骨干。革命军从越南芒街出发，经北仑河过东兴，分驻竹山、江平、企沙一带，乘夜直扑防城，击溃县兵，擒住了知县宋渐元，成

竹山老宅

功地袭击了防城县城。1923年，原第十五路军司令申葆藩联络驻军海南的邓本殷改称八属联军，邓本殷任总指挥，申葆藩任副总指挥，在竹山港铸造双毫银币，发行八属境内，人称“八属毫银”。

1949年12月8日，解放中国大陆最后一战在东兴的竹山上演。白崇禧集团残部、国民党防城县政府要员及县警察大队、驻东兴镇的国民党海南特区警备司令部特务团、保安第九团等共2000余人汇集于竹山口岸，准备渡海向海南岛逃命。战斗持续了数日，解放军第四野战军疾速赶到竹山，部队会师后，同本地的游击队和民兵、前来支援的越北中团战士一道，奋起追击，激战一天。竹山战役，以歼敌近千的战绩，歼灭了溃逃海南的最后残敌，在解放战争史上画下了壮烈而炫丽的一笔。

随着越南芒街的设立和陆路交通的发展，近一个多世纪来，竹山港口已渐渐衰落，只有那古老的码头、悠长的街道和破旧的老宅还在坚守着那段曾经辉煌的往事。

走在竹山村的小路上，郑主任不断给我介绍村里的情况，看上去三十出头的他显得特别精明强干。他介绍说，按照东兴市的起点规划，要把竹山村重点打造成国门边境线上的生态渔村。

青石板，见证岁月痕迹

说话间我们便来到了竹山村古街，古街始于清朝末期，民国初期达到鼎盛。由一条直街和二条横街组成，总长约200米。清朝末期曾是钦防一带最繁华的商埠之一，每星期定期有商船直航港澳。在村口，我们看到了土石垒筑的围墙，围墙内侧有一座破旧的古庙。村里的古民居已经日渐稀少，但留存下来的依然保持着古风古韵，足见村子选址与规划正是古村落的魂魄所在。走在古街干净的青石板上，感受着历史与现实的碰撞。历经百年沧桑的古宅，在经过大规模的修缮后充满生机，那突兀横出的飞檐、门前各式各样的石阶，仍能看出昔日繁华的痕迹。

竹山村的历史可以追溯到秦汉时期，但遗存的建筑大多是清末民初以来的。含而不露，奇而不怪，美而不艳，浓淡相间，回味无穷，是竹山古村落建筑美学的主要特征。走进高墙之内的大屋，一重接着一重，花棱拱壁，令人目不暇接。回回曲曲，似曾相识又别开生面；进进出出，难辨东西如入八卦之阵。左顾右盼之间，步步有景，引人入胜。引我们频频驻足的是那些移动的景观，视觉每一秒都有一个落点。青砖、立柱、大梁、井壁、门楣、屋柱，数十间房屋在这里大幅展开它苍老的家谱，可以触摸，可以倾听，所有

庄严肃穆的天主教堂

的名字都会呼出温热的气息，所有的细节都像纸页上细致的笔画一样真实呈现。我第一次感觉到，竹山的古宅即使简陋，也一直保持着生命。无论庭院内部是怎样的结构，外围一律使用大面积的实墙，高度甚至超过房檐。房屋内部，栏杆、空花、窗棂相互呼应，有隔有通，气韵生动，对外却形成一个封闭的空间，如同一位内心柔媚的少女身体包裹着一层坚硬的铠甲。这种设计，一方面是出于防御的实用需要，另一方面则是为了阻隔外界的紊乱嘈杂，保持宅内的安宁恬静，达到外实内静的审美效果。

神思还留在这些古宅里打转，我们不知不觉间来到了著名的三圣宫，当地村民也叫它三婆庙。庙宇中的三婆婆被称为妈祖，复姓三卫，皇帝赐封为三圣。该庙宇始建于清光绪二年（1876），是当地村民和华侨为了祈祷出海平安、六畜兴旺而集资兴建的，虽然饱经岁月沧桑，但在雕梁画栋间我们还可隐约看出她昔日的辉煌。道光三十年（1850），法国传教士包文华从北海来到竹山建立天主教堂点，开展传教活动。现在教堂每到周六、周日晚，全体教徒都集中在这里做礼拜。

郑主任表示，竹山村在对古宅和历史名建筑的修整方式上一律采用“修旧如旧”的手段，借此解决古建筑保护和旅游开发的问题。另外，政府还开展危旧房改造活动，引导散居户逐渐向集中点集中，使村居环境大大提高。以现有道路为基础，以村委和街边村为中心，以村道路为纽带，逐步使各组、屯连成一片。在扩大村规模的同时，带动竹山村的商贸和第三产业的发展。

## 海中红树林，陆地古榕群

海风吹拂，海浪翻滚，在笔直的观海栈道旁，我终于见到了传说中的中国第二大红树林保护区。这里，成片成片的红树林在潮涨潮落间摇曳身姿，格外壮观。红树是一种绿色植物，当它的树皮被划破时，破口处呈现出红褐色，因此得名红树。因其生长在潮洞带上，涨潮时被海水淹没，故又被称为“海底森林”、“海洋绿肺”。

北仑河口海洋自然保护区红树林具有连片生长面积大、分布相对集中、生态景观奇特、地理位置特殊、动植物种类组成和群落结构随海岸类型变化而呈多样化等特征，是国家级海洋自然保护区的一部分。红树林间，不时有

观海栈道目遇红树林

水鸟飞过，游人也可乘小舟深入林中探寻究竟。

郑主任介绍说，竹山村历来依山傍海，自然旅游资源和历史文化资源较为丰富，养殖业、海洋捕捞业和边贸业是村民的主要经济来源。2014年，农民人均纯收入达11000元，在广西算得上是富裕的村庄了。

沿着观海栈道往回走，在一户农家的简单院落里，我们看到成群的海鸭扑棱着翅膀往红树林深处游去。原来这户村民的生活经济来源以饲养海鸭为主，本想寻得主人进行采访，可惜主人有事外出，只任由海鸭们欢快嬉戏。“它们会不会游得太远回不来？”我问身边的郑主任。他笑着回答说不会，等海鸭在海里“用餐完毕”就会成群结伙地返回鸭舍。

看着眼前一户户农家不断建起了新房，一间间海鲜餐馆逐渐开起来，养殖场也越搞越大，村民的致富路渐渐被打开。村民叶大嫂指着自家的海鲜餐馆笑容满面地说：“现在的政策是越来越好了，以前哪里敢指望自己有个餐馆。现在每逢节假日，我家的餐馆都是客人爆满，忙都忙不过来。”近年来，竹山村民利用丰富的生态文化旅游资源、良好的区位优势及便捷的交通条件，开发出以“看农家景、吃农家饭、做农家活、乐农家事”为核心的旅游实体资源，效益十分突出，受到广大游客的一致好评。竹山村正逐渐发展为具有特质和核心竞争力的集休闲、旅游、度假、避暑、体验于一体的民族风情、生态旅游度假村。

防城港市乡村办的钟科长指着前面不远处的一片耕地说，竹山村除了大力发展餐饮和养殖外，村民还改革了种植技术，建立了无公害有机蔬菜种植基地。竹山村现已有日光温室大棚蔬菜30多亩，同时还继续种植水稻、红薯、玉米、花生等传统农作物，充分利用优越的气候条件和自然条件，全面提高村民自身收入。

在郑主任的带领下，我顺利来到村庄最北边的古榕部落群，据他介绍说，这里是竹山八景之一。竹山别称榕树头，因村中一片古榕而得名。竹山古榕部落由一棵1300多年的古榕和众多小叶榕组成，远远望去，一株榕树就是一片树林，在绿茵如水的野芋丛中，构成了“顷地一古榕，飞瀑挂潭中”的佳景。“千年古榕”、“海顺门”、“子孙满堂”、“龙飞凤舞”、“鸳鸯戏水”、“榕风海韵”、“把根留住”等树名都是根据榕树的形态加以命名的。在这个天然的“氧吧”中行走，苍翠的榕树在阳光照射下显得格外精神。

千年古榕

千年小道

我们在古榕部落的林荫小道漫步，只见每隔十几米就会有一个崭新的垃圾桶立在道旁。郑主任向我解释说，自开展清洁乡村以来，就确立了村民生活垃圾分类收集的机制，全村已有垃圾集中收集点10个，各家各户将垃圾集中到收集点，由镇环卫站派车辆每天及时清运至垃圾场集中收集点，再一并运到东兴市垃圾处理场进行无害化综合处理，严禁村民随意堆放垃圾。

“我们这里每天来往的游客比较多，如果不搞好村容村貌，会给来观光旅游的客人留下不良的印象。”郑主任介绍说，通过第一阶段的全面清理后，竹山村景区焕然一新。为保证做到村屯道路天天干净，物品不乱堆乱放，保持干净整洁，竹山村积极发挥民主管理民主决策的传统，召开村民代表大会，讨论如何维持好村容村貌以及管理景区等问题。目前，该村已经制定了村规民约，成立有专门理事机构，对景区进行日常的维护和管理，制定了相应的规章制度，景区的管理问题得到了有效解决。

苍天古榕

## 西南边陲新渔村

自清洁乡村活动开展以来，竹山村“两委”紧紧围绕“创建广西特色旅游名村”目标，团结带领广大村民干部积极投身到村庄建设中来。2005年以来，竹山村共争取到各级资金2000多万元，发动村民投工投劳，大搞基础设施建设和富民工程，各项基础设施日臻完善，村容村貌得到了较大改观。看着眼前一片欣欣向荣的农村风貌，看着一大批困难群众住上了危改新房，竹山村人觉得自己离幸福又更近了一步。

再往竹山村深处走去，只见村级公共服务中心主体已经封顶，卫生所、计生服务室、文娱广场等配套设施一应俱全，村级“十六有”建设全面完成。随着经济实力的不断增强，做活浅海养殖和海产品加工产业，实现产品规模化已经不再是一个遥不可及的梦想。

经过清洁整治后，竹山村以更加美丽、自信的面容迎接来自五湖四海的宾客。在这里品尝海鲜、走木栈道观海景、探索独木成林的奥妙、体会渔民生活已经成为了旅游主题。每天傍晚时分，总会有很多市民和游客驾车来到这个小渔村，吹吹海风，看看潮涨潮落，漫步在木栈道上享受快乐时光。

竹山村，这个西南边陲的渔村，带着古老文明的火种，以一种积极进取的姿态展现在世人面前。竹山村的未来，只靠自己勤劳的双手去创造。■

何谓清 文 / 摄

竹山夜景

# 古渔村与它的百年绝唱

## ——港口区企沙镇簕山村

这里有淳朴善良的渔家老人，千古一醉的太白遗风，日出日落，潮涨潮息，在数百年的时间缝隙里，古老神秘的簕山村焕发出新的光彩。

### 柱史家声远，青莲世泽长

簕山古渔村位于防城港企沙半岛东南面，是防城港市港口区企沙镇的一个自然村落，距离防城港市中心约 25 公里。村庄占地约 400 亩，村前是一片方圆数十平方公里的浅海沙滩，村后是一大片保护完好的原始森林。

优美的生态环境和极具理学章法的规划布局，是簕山村经久不衰的生命之核。簕山村始建于明末清初，距今已有 300 多年的历史。中原“陇西堂”的李氏族人为了逃避战乱，从遥远的内陆迁往海边定居。由于李氏一族久居中原，传统文化的精髓早已深入血脉之中，他们讲究顺天应人，讲究耕读写意，讲究寄情山水，这才创造了簕山村天人合一的美学境界。

村里的一座古堡成了该村历史的见证者。古堡始建于明末清初，最开始的目的是出于防范海盗，据险自保。古堡的主体有东南西北四个门洞，与之

簕山古渔村

农家商店
防城港市区农村信用合作联社
村金融综合服务站

相匹配的是四座岗楼，每座岗楼为一座占地约 30 平方米的两层小砖楼构成，全部用厚重的青砖堆砌，岗楼踞高扼守（现仅存东门岗楼），十分牢固。古堡依据《易经》中的八卦玄理建成方形，一圈围墙足有丈余。据说簕山村内原有四条主街巷，青砖古墙，曲折回旋，其中更有生路与死路之别，颇有克敌制胜之效。我们从甬道深入进去，里面的老房子参差错落，巷子走向错综复杂，就像走进玄奥莫测的迷宫般，难以寻觅出口。房屋皆是土木砖瓦结构，历经数百年风雨侵蚀，墙壁上苔痕斑驳，但还可以依稀看到当年辉煌的痕迹。在这些历史遗存的片瓦、角砖、立柱、横梁之间，积淀着簕山先民的智慧和中华文化的要义。

一座被左右两栋不断快速生长的仿古建筑夹在其中的斑驳古宅格外引人注意。古宅瓦檐经过修整后，原先装饰用的飞檐已然不见了踪迹，只剩下后来修复时所造的镂空饰物。这是一座两进的院落，大门两侧是一副木制对联，上书“柱史家声远，青莲世泽长”（“柱史”为古代国之最高武官，“青莲”则是诗仙李白的雅号）。走进大门来到天井，正当中一间堂屋颇为气派，左右也有一副对联：“春深松柏当庭秀，日暖芝兰入室香”，这里是村中的祠堂，供奉着列祖列宗的牌位，由于光线不足，再加上日久生尘，只隐约看见有数

渔家壁刻

古宅今生

观海台

十个牌位前摆着香案供果，在香烟缭绕中显得愈加神圣。

天井右侧的墙壁上有着精美的壁刻画，那些曲折的线条在苔痕幽暗而隐晦的阴云里来回游走，但是，年代久远，有的地方已经整块脱落，露出了底层青砖，整幅画面已然失去了完整。从残存可见的波涛图案，能大致了解到这是关于海神的壁刻画。在青砖古墙间，时光爬过古宅的痕迹，如今完整留下的便是古宅门口的两个双金线图案红沙石门墩，供后人凭吊。

簕山村的民居多为一层楼建筑，倾斜的屋顶以及飞翘的檐角可以让雨水以最快的速度滑落到地面，向外伸出的下檐增加了房屋的采光度。在廊檐下，妇女们在这里做家务，孩童们嬉闹玩耍，少年认真读书，老人纳凉闲谈。无形的日常生活被有形的建筑组织起来，正是因为这份古老和神秘，山美、海美、人美、村美的簕山古渔村，使外来的闯入者一头扎进这美的迷局中而无法自拔。

## 银叶榕，秤锤树

要寻找海子诗歌里“面朝大海，春暖花开”的绝佳意境，体会诗中那种惬意与超然，簕山古渔村的海便足以让你遐想无限，心旷神怡。走在海堤之上，整洁干净的青石大道，错落有致的海堤围墙，风格鲜明的特色小栈，都能给人带来和都市里不一样的感触。

离海堤不远的地方兀立着一座八角“云海亭”，从一条弯弯曲曲的海堤栈道可以到达亭中。蹬梯上到二楼，扶栏远眺，只见远处天蓝海碧，波浪翻滚，脚下浪击亭柱，水花飞溅，扑面而来的海风清新无比，此时此刻，你只想一个人静静地极目远眺，看大海磅礴的气势里传递出怎样的暗语。海浪在一次又一次的潮来潮往中不断拍击着海堤之下大片裸露的暗红色砂岩，在数千年的风浪里，暗红色的砂岩被海水冲击成了千姿百态：嶙峋，热烈，温润，残缺，林林总总，气象万千，成为当地的独特风景。不远处便是簕山人打鱼的场所，十余只木船在海浪中来回摇晃，船身历经无数惊涛骇浪而变得沉寂黝黑，只有那半张船帆斜挎的桅杆毅然耸立。

气势恢宏的大海映衬着古朴雅致的渔船，恰到好处地增加了渔家文化的可读性。渔船是渔人的家，对于时常漂浮在海上的渔人来说，他们的部分日常起居都在船上进行。木船在幽暗中发出老旧的光泽，它们成群结队地栖在海边，如同暮色中栖在屋顶的老鸦，整齐而朴拙。想象着每天清晨，在阳光抛入海面的金属声响里，渔船瞬间散去的那份快意。

海堤旁高高矗立的是“邀月台”，立在大海之中状如小山，十余米高的雕塑有拱桥连接至海堤，台上是诗仙李白举杯邀月的塑像，他手持金樽，对月独饮，豪放不羁的情怀顿时让人产生联想。在“邀月台”的基座上，刻着那首著名的《月下独酌》——“花间一壶酒，独酌无相亲。举杯邀明月，对影成三人……”作为簕山村的一大历史文化景观，“邀月台”吸引着无数游客的目光。在这里，你只想举起手中的酒杯，望着“邀月台”上独酌的李白，就着空中朗朗皎月，在海涛的呼吸间感受诗仙李白当年的豪迈情怀和郁郁不得志的千古惆怅。

从“邀月台”下来，沿着海堤漫步。在绿荫丛中，眼前仿佛有人正在对弈，老者举棋，少年托腮专心思索，走近细看才发现这是一尊铜像。2010 年以来，簕山村结合新农村建设与旅游项目开发综合整治，修建“云海亭”、“邀月台”等一批人文景观，为簕山古渔村添加了文化活力。

在簕山，除了海景和人情外，还有村后那片茂盛的原始森林也值得期待。作为一个小小的半岛，岛上居然有百余亩原始森林，简直不可思议。这里环境适宜，阳光充足，经过上千年大自然的孕育，才组成了这个气势磅礴的原始森林部落。各种各样的树木在这片原始森林里汇聚生长，仅珍稀树种就有40多类，树龄大超过500年的更是不计其数。

这里有一片高大连理的千年古榕，树身高大参天，树干盘曲有力，枝丫虬伸龙展，宛如蛟龙，枝叶婆娑，老藤高悬，绿荫如盖，遮天蔽日。上百条

古树苍穹

大大小小长短不一的气根从天垂下，直插入灰黑色的沙土中，像一根根高大的擎天柱，别具风姿。

古树参天映碧穹，相思红豆南国生。除了古榕外，村后这片茂盛的原始森林中留存着不少珍贵树种，有上千年的银叶榕，以及车辕树、万年青、相思豆等。作为其中最珍贵的银叶榕，目前在全国仅存 51 棵，而如此珍贵稀有的树木在簕山村就有 5 棵，其中最老的已有 1400 多年，成为当地人的骄傲。

另一种珍贵树木车辕树，枝干铁黑，叶子细小，树身高大挺直耸入云天，在这片原始森林中格外醒目。

被寄托了美好感情的相思树，树形优美，树叶呈椭圆状卵形，树皮暗灰褐色，微有皲裂。相思树结的果实因为颜色鲜红光亮，所以被称为红豆，常见的红豆一般是圆形的，而簕山的红豆却是心形的，显得非常珍贵。

秤锤树棕色的树皮，椭圆形的叶子，枝叶婆娑，树冠斜展，在浓密翠绿的叶子中结着许多淡绿色的果子，形状顶端尖、蒂部大，像极了秤锤。据了解，秤锤树为中国特产树种，是优良的观花观果类树木，主要生长于海拔 300—800 米处的林缘、疏林中或丘陵山地，现已濒临灭绝，是国家二级保护濒危种。

簕山村时常会受到台风侵扰，有时候台风会把村前屋后的大树刮倒或折断，在一所民宅后，我们看到一株被台风折断的古榕凭借其顽强的生命力又重新复活，真是令人惊叹。为了保护这些珍稀的树种，当地村民特地在村前种了不少抗风沙的树木来抵御台风。

在几棵郁郁葱葱的相思树下，有一个圆顶的亭子引起了我们的注意，亭子里有一口古井，名曰相思泉。此井挖于明朝，因旁边有相思树而得名。古井四周树木参天，古藤攀缠，清净雅致。自古以来，相思泉水常年不干涸，而且冬暖夏凉，井深低于海平面却无海水之苦涩，水质纯净清甜，哺育了簕山世世代代的村民百姓。

## 傍海而居，五月观潮

农历的 5 月 16 日是当地的观潮节，簕山村观潮节自 2010 年开始已举办六届，活动以古村大潮为背景，以“古”、“渔”文化为重点，设置了民俗、民乐两大块内容，其中包括拜社、祭海、渔家婚俗、文艺表演、场景观潮、与浪共舞、情景摄影等，向游客全面展示簕山古渔村勤劳勇敢、纯朴神秘、快乐安详的渔家风情，“古”韵味，“渔”文化，“纯”民风及气势磅礴的“天文大潮”，构成一幅北部湾地区独特壮观的美丽画卷。

簕山古渔村因海而生，傍海而居。当地人因海而得福，所以对海洋抱以敬畏之心、感恩之心、企盼之心。这种纯朴的情绪，使村民们面对海洋产生了膜拜、祭祀等行为，出现了民间自发的祈求平安的祭海活动。海洋文化与宗教的有机结合，又形成簕山村一大文化景观。上世纪 90 年代后，簕山村古老的祭海活动注入崭新的时代内涵，除了祈求平安和丰收之外，还增添了保护海洋、人海共荣的主题。

在簕山的沙滩上，挖沙虫和围网捕鱼是一大乐趣。挖沙虫不但是门体力活，更是一门技术活。首先得找到沙虫眼，沿着沙虫眼拿一把特制铁锹往下挖，一直顺着它的洞眼挖下去。动作一定要快，不然就给它跑掉了；同时还得判断出它露身的时间和位置，否则一铁锹下去也容易伤到沙虫。挖沙虫固然乐趣无穷，但在簕山村，围网捕鱼才是真正令人惊喜的体验。

围网捕鱼是簕山渔家一种特殊的捕鱼方式，当潮水退去时，簕山渔民先在海滩上围起一个长长的网，然后把网放低，等待着海水涨潮时鱼群随着海水涌入其中。随着时间的推移，海潮慢慢退去，鱼群跟着水流游到网边，成为渔民网中的猎物。这是海边自古以来的一种捕捞方式，然而，靠海吃饭的渔民始终保有一种对大海的感激和敬畏之心，只留下已经长成的有足够斤两的大鱼。

在海边品尝最新鲜的海鲜是一种享受，海鲜餐馆里的品种真是数不胜数：螺、虾、牡蛎、石斑鱼、青蟹、花蟹、文蛤、对虾、皮皮虾、海胆等，应有尽有。凉风徐来，吃海鲜，看海景，面朝大海，春暖花开。

## 修旧如旧，村容整洁

几百年来，簕山的村民世代以“耕海”为生，运用古老的围网等渔猎方式，日出而作，日落而归，过着简朴平淡的渔家生活，形成了今天独特而古老、

海的馈赠

晒鱼干

淳朴而真实的渔家风情。簕山古渔村是广西现存较完整的古渔村之一，是北部湾沿海渔村历史发展变迁的一个缩影。

上世纪 90 年代，村民都是以种田和耕海为主要生活和经济来源，后来，村民们基本不再农耕，主要收入来源依靠养殖鱼虾和捕捞沙虫、牡蛎等海产品。在新农村建设前，该村水、电、路基本不通，再加上没有海堤防护，簕山古渔村每年受到海浪侵蚀的情况十分严重，土地面积在逐年减少，当地村民的生活条件非常艰苦，严重制约了当地的经济发展。由于交通不方便，海产品难以运出去，村民们花大量心血开发水产养殖和捕捞也未能改善生活条件，村民的收入普遍不高，人均月收入在 500—800 元之间。

2008 年，新农村建设为古渔村吹来了一股春风——古渔村作为整体规划

栈道回望

建设的一部分，迎来了新的希望。建水泥路、建海堤、安装自来水、开发旅游资源，昔日偏僻的小渔村变得热火朝天。随着水、电、路等基础设施的大大改善，环境变漂亮了，村容变整洁了，成千上万的游客前来观光旅游和休闲度假。村民利用得天独厚的条件开饭店、建民宿、养殖海产品，不少村民因此走上了致富之路。当地的一个老村民感慨地说，在以前，他们都是步行去赶集，到后来，大家都有了自行车或摩托车，但道路坑坑洼洼十分难行。现在基本都是小车，路面也修好了加宽了。以前大家喝的是当地的咸酸水，如今家家户户都用上了自来水，生活和以前大不一样了。

在簕山村行走，一条条干净整洁的水泥道路贯穿村子，道路两旁青草茂盛，干净整洁，簕山村的美丽“蜕变”只是港口区开展社会主义新农村建设的一个缩影。2013 年，自治区“美丽家园·清洁乡村”的创建活动正式展开，干净的景区环境、整洁的村容村貌和不断完善的服务体系吸引了更多游客前来观光旅游。

一个村庄从它诞生之日起就被大地赋予了生命。然而在时代的变迁中，很多和簕山村一样的传统村落因散布在偏远地区，经济发展相对落后，功能缺失，基础设施和公共服务设施较差，越来越难以满足现代人的生产生活方式而被逐渐淘汰。其中，缺乏传承是让村落渐渐“消逝”的重要原因。

一座城市的诞生有其产生的历史，一个村庄也有其形成的历史背景，簕山村的形成与族群的迁徙有着密切的关系，而记忆乡村形成的直接载体就是具有纪念性或一定历史意义的建筑。其实，任何一个村庄都有自己的历史。在村庄的发展过程中，会自然形成和留下一些被人们认可的标志性建筑，这些标志性建筑就是一个村庄的标识。古堡、祠堂、民居，这些簕山村发展史上的地标建筑，承载和维系着簕山村发展的历史记忆和延续。随着时间的推移，这些建筑的历史价值更加珍贵，文化内涵也将越来越丰富。

簕山古渔村景观的多样性，保存较完整的渔村古建筑群，成为簕山村发展必不可少的基础。古渔村经过“修旧如旧”的整体改善后，以文化打造品牌，以旅游促进发展，使建成的综合性滨海旅游区既

簕山新气象

不改变古渔村周边环境的原始风貌，又不失古渔村的渔家风情，让美丽迷人的海湾风光、自然幽静的树林景观和古堡、老树、绿岸、海湾、沙滩、礁石等滨海独特的自然、人文、生态环境，成为吸引游客的重要因素。

簕山村的美丽随着时间的流转在不断沉淀，回首遥望，古老的渔村仍默默地伫立着，倾听着每个过客微小的心声。海水冲刷着礁石堤岸，时间演绎着一场又一场的传奇。 ■

何谓清 文 / 摄

# 贵港

G U I G A N G

# 油菜花开，相遇独寨

## ——港北区港城镇石寨村独寨屯

独寨屯将土地转租种植观赏植物，万亩油菜，十里花海，花期做旅游，菜籽可榨油，秸秆还可做肥料，一举摆脱了千年农耕的命运。

### 油菜花开，绽放一座古郡的新颜

如果你来过独寨屯，看了这个独处在田野中宁静优雅的小村落，领略过热闹非凡的油菜花节，听懂他们爽快喝酒时夹带壮话口音的普通话，喝醉壮乡自酿半年的米酒，吃了他们独有的土特产，你就会懂得，这是最好的时光在最好的时代与最美的风景相遇：依山傍水，小屯独在一片青葱的田园之中，村落整洁而雅致，阡陌纵横，鸡犬相闻，农耕时代的古朴与现代的气息相互交融，让人怦然心动。

我来过，我驻足，我低回，挥之不去，因为苏东坡那句“莫起天涯万里意，溪边自有舞雩风”猛地就闪现于脑间。于是我心动，我渴求——试想，如能在此求得一亩半亩地，筑庐而居，每天面对袅袅炊烟守望乡村的宁静，面对这相看两不厌的兀然突起的石山，听鸟声啼啭，数鱼儿过溪，看江中云

花田似海独寨屯

卷云舒，望后山炊烟与薄雾缠绕，日出而作，日落而息，岂不是“生命之上，诗意漫天”？岂不是能“优哉游哉，可以卒岁矣”？是的，一生中所求的心安之所，就是这里了。

这个世间桃花源，便是坐落在贵港市区北环路边的新农村建设示范点——港北区港城镇石寨村独寨屯。

如果说，贵港是一幅天然的风景画，那么，独寨屯就是绽放在这幅画上最美的花朵。或者说，独寨屯经历百年等候，如同一个养在深闺无人识的妙龄少女，但只要机缘巧合，她总是会恰到好处地掀起那层神秘的盖头来，尽情地展现她婀娜多姿的一面。因此，与其说独寨屯选择了适时的花期，不如说历史注定要让它与油菜花相遇。

一年好景君须记，正是油菜花开时。2015年春节前，一则“北环路的油菜花开了，沿路都是，好漂亮!”的消息，拨动了市民敏感的神经，这一话题迅速在贵港大街小巷持续发酵，而不少人早已按捺不住心里的期盼，自顾欣然前往，一探究竟。

探秘路径很便捷，自贵港城区主干道中山北路往北入北环向东驱车，一路上稻田青翠，7公里后，当看到前后两座一小一大的石山时，便来到了独寨屯。

2015年2月13日，独寨屯前，几百亩连片的油菜花香气四溢，引来蜂蝶翻飞，在阳光下闪着金光，辉映着背后村落的白墙蓝瓦。更远处，石牛水库与龙头山脉在背景里分层次若隐若现。蔚为壮观的油菜花田里，壮乡汉子吹响了喜庆的长笛，壮族姑娘穿着节日盛装在花海里穿梭……锣鼓喧天，狮舞长龙，游人如织，欢声似浪……当是时，艺术家的长枪短炮、手机党的自拍神器，电视台的摄像机等等，各显神通，而游客们则徜徉在花海中乐不知返。整个场面让人心旌荡漾，意气飞扬。这是一个胜似节日的盛宴——2015年贵港市油菜花乡村旅游节于港北区港城镇石寨村“醉美乡村”生态园举行。这是贵港市打造的大型油菜花观赏基地，而“醉美乡村”生态园的地点就在独寨屯。

旅游节以“万亩油菜，十里花海”为主题，在金花绿叶间，着力打造浪漫婚礼花田、原野音乐花田、新奇科普花田、蜂蝶乐舞花田、花茶养心花田等五大主题园区。市民和游客在浪漫婚礼花田园区，感受浓郁的浪漫氛围，在花海中成就“花田喜事”；在原野音乐花田园区，不但有时尚潮流乐队演奏流行音乐，还有本地特色壮歌专场演出；在新奇科普花田园区了解关于油菜花的科学知识；在蜂蝶乐舞花田园区现场购买纯正的蜂蜜；在花茶养心花田园区，赏花品茶，休闲养生，享受假日。旅游节期间还开展壮家农家宴、特色农产品展销、书画及摄影展等丰富多彩的活动。

一时间，观光、赏花、游玩、休闲的游客蜂拥而至。这是一场早有“预谋”的盛宴。早在2014年春，为提升贵港这座千年古郡的知名度，贵港市委宣传部提出要打造“春赏油菜夏观荷”基地的设想，而赏荷在2013年已经试水成功。当年秋收后，贵港市港北区便投资100万元，在北环路沿线的农田种植3000至4000亩观赏油菜花，其中把独寨屯打造成醉美乡村生态园，集中种植350亩观赏油菜花。

回过头来看，选择在春节前开节，实在是考虑到人们在节前与春节期间旅游休闲的需要，也是攒人气的最佳节点，也最合天时。而北环路则是贵港南来北往的大动脉，极具地利。选在独寨屯，更因为这里风景独好，民风淳朴。这样一来，油菜花节便集合了天时、地利、人和三大优势。而对于贵港市民与周边群众来说，这还真是天赐良机，再也不用驱车几百几千公里去外

壮乡汉子吹响了长笛

村容一瞥

地看油菜花了。事实上，据不完全统计，仅开节当日，便吸引了前来观光的游客达2万余人。整个春节前后，保守估算，游客怎么也不会少于10万人，其中大多是或南下或北往过境途经北环路的返乡人群，很多人见此美景，干脆下车观赏风光，权当途中休息；当然也不乏从网上知道消息后专程驱车前来的游客。

而对独寨屯的村民们来说，这个从此一年一度的节日，带给他们的远不止快乐。“小小油菜全身是宝，花期搞观光产业，菜籽可榨油，秸秆可做肥料。”石寨村村支书唐春东介绍说，在冬闲田里种油菜花，可谓旅游观光、经济收入、生态效益多重收益。往年这一带大多数冬闲田真正闲置。而油菜花不仅吸引游客，每亩还能产100公斤左右菜籽，可获40~50公斤菜籽油，每亩产值1000元左右；且油菜本来就是绿肥的一种，摘完菜籽后，可替代农家肥改良土壤。据农技人员韦志能介绍，用油菜花秸秆做肥料，碳磷钾含量高，一亩田比闲置时少用3/4肥料，按照现在肥料价格，一亩可节省150元。

更为重要的是，独寨屯的村民们因此摆脱了千年农耕的传统——屯里所有的土地已经流转给专业种养公司种植观赏农作物，他们从此算是真正洗脚上田的农民了。“流转土地收入每亩可得1400元，比自己种还划算！”该屯户主会会长覃起新说，“现在肥料、人工钱等都不断增长，自己种田的话至少会亏了自己的人工钱。我流转的3亩田，得钱4200元，足够买米吃了。何况，他们种油菜花时，也优先聘请我们屯的人来做工，每天会得100元。”而村民覃进喜在旅游节时当值班保安，一天也是100元。当时的保安有30名之多。

油菜花节也为独寨屯村民带来了商机。旅游节在独秀峰山脚下布置了一排特色农产品展销摊位，60多个摊位排列着各种各样的农产品，供游客选购。独寨屯还专门布置了一条壮乡风情美食街，农户纷纷拿出农家特色小吃摆卖，如米粽、红薯、玉米粥等，深受游客喜爱，各摊位都围满了人。覃起新的小弟在旅游节时卖矿泉水和零食，“估算一天能挣三四百元，比打工强多了”。而且，旅游节时还聘请该屯村民捡拾垃圾，报酬也是每天100元。

更多的独寨屯村民看到了更大的商机，他们认为，油菜花节是搭建的一个旅游平台，为村民们开设农家乐和开心农场等乡村旅游配套设施提供了绝好的机会。

## 蝴蝶双飞，独寨尽显壮乡风情

贵港古为秦朝在岭南设置的桂林郡郡所，是广西著名的鱼米之乡，其境内南北两端均为大山包围，郁江居中穿境而过，滋润着肥沃的浔郁平原。原贵县境内，除西北之黄练镇有成群石山外，其余均为一马平川，但在城区郁江南面五公里处又有南山24座石峰，对应的北面却仅石寨村有两座分开之石山，之后则需再往东十余里，到武乐渡口边方才有一小群石林，如此景象，不得不让人啧啧称奇。据当地人称，地师（风水先生）将独寨屯这两座石山称为“蝴蝶双飞地”。其中一座小石山，就在独寨屯前面，也就是前文所说的独秀峰。一个“寨”字，也反映了壮族人山居的地名传承风格。

9月22日上午，在港北区港城镇于宣委的带领下，记者首次进入独寨屯。之前只是隔着公路远远看这白墙蓝瓦的、在北环路上格外引人注目的村落，就是油菜花节时，也只是机缘巧合地陪时任广西日报集团公司董事长的李启瑞在外围油菜花中转悠，没有进入到屯里。但是，“绝知此事要躬行”，不看则已，看了还是心中一惊！作为记者，市内的新农村示范点也跑得多了，但确实是没见过整洁自然得如此顺理成章的新农村。或者说，它合乎自己想象中的新农村标准。

石寨村村委副支书、独寨屯村民覃昶升边介绍边带我在屯里转了一圈。这是一个坐北向南的壮族小村落，背靠龙头山脉和石牛水库，水泥路自北环路接入，再绕村一圈，绕村周长1公里。在北环路接入路口边有一横空出世的小石山，当地人称为独秀峰，独寨屯就是以此命名的。这个独秀峰东西南北在半山腰各有溶洞，每个洞都可容纳百人，据说当年躲避日本飞机轰炸时人们就藏身于此。屯西边有一条3米宽的济龙河，源头是上游富岭村岭屯的喷泉，水质冬暖夏凉，覃昶升说，以前屯里没有水井，都是吃这条河里的水。现在也没有水井，因为都用上了自来水——这对“凿井而居”的农耕时代而言，确实是个奇迹。

屯四周还有一条绕屯小溪，水源是北边的石牛水库。全屯分为9个巷，共96户617人，全为壮族覃姓。屯里除了一户特意保留下来做样板的泥砖房外，其他均是两三层高的小洋楼。屯西边辟了600平方米的一小块地作为集中牛栏，前面还建了一个很大的沼气池，能供3户人使用，屯里另有2户人家自己建了沼气池。现在村民们做饭都用煤气或电，洗澡则用太阳能热水器，覃昶

独寨屯的集中牛栏

升介绍说："装一个太阳能热水器4000元。全屯装太阳能的有20多户，现在用柴火的已很少了。"

如果说这里的蝴蝶双飞地是吉祥的象征，那么，我倒愿意相信它是壮汉交融后结出的硕果。这个依据便是当地的风俗习惯和风土人情。

覃昶升跟我介绍了当地的节日。他说，除了六月农忙时节没有节日外，其余都与汉族相同，分别是春节、清明、三月三（山歌对唱节）、四月八（老人对唱山歌）、五月节（端午节）、七月初三、七月七（七夕）、七月初十、七月十二、七月十四（即七月节）、中秋、重阳、元旦。由此可见，他们的节日多了三月三,四月八,七月份多了初三、初十、十二。

壮族毕竟还保留了他们许多独有的风俗，如每逢有喜酒，则必有人来唱山歌，闻讯赶来的隔离屯白屋屯的韦胡兰说："就在这舞台上对，由女的出题，男的答，人多时还要用上扩音机。"

他们还膜拜社公（土地神），这点也与汉族相同。他们的社公就立在独秀峰山脚下，是刻有男女神像的大石块。除了七月不祭拜外，其他逢节日或婚丧嫁娶、儿子满月等，都要到社公前祭拜先知。据说，这个社公还有比较神奇之处，那就是每年的二月二，都会有一头自来牛来到这里。当牛主寻到这里，说自己的牛是黄色的时候，来时明明是黄色的牛便会变成黑色，而当失主离开后牛又会变回自身颜色。据说，新中国成立后用长石条把社公围起来后，这个现象才消失。无论真假，这个传说都说明了壮族人对土地神的膜拜，以及对赖以生存的牛的深厚感情。

他们还有一个比较奇特的风俗，如果生的是儿子，小孩出生满12天时即摆满月酒，而不像我们汉族人必须是三朝或满月方才请客。他们在当天请外家人过来喝喜酒，有钱的办到几十桌。且到正月十五时还要放花灯，这点记者在覃塘区的东龙镇采访过非物质文化传承人黄铁明，他是壮族扎花灯的好手，只是当时并不知壮族的满月酒是12朝。

壮乡人豪爽讲义气，所以一般酒量了得。覃昶升介绍说，以前他们壮乡人一般都是自己酿酒自己喝，小孩难免也耳濡目染。以我多年与壮族人打交道的经验来看，他们酿的酒因为不是商业性的，一般发酵时间较长，少则一个月，多则三四个月，甚至半年的都有，所以酿出的酒非常醇厚，往往喝多了都不知道。而且壮乡人留客，必然是拿出家中最好的酒菜来待客，一如陆游那句“莫笑农家腊酒浑，丰年留客足鸡豚”。

壮乡人好客豪气也体现在节日上，他们往往是吃流水席，你来我家吃我去你家喝，而且叫的朋友来得越多越开心。就算是老人过世，家境好一些的也会操办100多桌。

对壮话山歌，听壮话师公戏也是他们的一大传统。但是，随着时代突飞猛进，随着年轻人大举外出打工后观念的快速转变，这样的传统只有老一辈人还在默默坚守，这样的传承越来越显得后继无人和无以为继。就像壮族的哭嫁，随着观念的转变，也慢慢变得可有可无。韦胡兰介绍哭嫁的情景说：“新娘盖着红盖头，手摇一条毛巾，送亲的大姐扶着新娘，接亲的大嫂撑着花雨伞引路，哭嫁主要是新娘跨出闺房到上轿前的那段时间，新娘边走边哭边唱壮话哭嫁歌，几十步路要走上十几二十来分钟，一步三回头，那种依依不舍，那份哀怨，唱着哭着，哭着唱着，哎哟，那曲调呀真叫缠绵、凄美，大有不把家人、亲友、姐妹们哭个泪湿巾不罢休的架势！”然后她解释说：“这既是一种民族婚俗的延续，也是一种民族婚俗文化的传承，村里人认为，出嫁前会哭，哭得伤心，唱得有礼有数，说明这个女孩懂事懂道理，懂得感恩。好多女孩的确哭唱得叫人动容，她能把十几二十来年中，父母的养育、兄弟姐

壮乡也有交响乐

壮族姑娘美如花

妹的呵护和自己的成长娓娓道来，唱过去道未来，除了感恩还有害怕，感恩过去身边人点点滴滴的好，害怕未知的生活，害怕未知的人际关系。有些人口才超好，出口成章，既有礼有节又押韵，这种哭嫁歌当以出门那段最出彩。出门时通常由一个自己的大嫂、婶子或姐妹搀扶，还有一个男方那边来接亲的婆娘，一般会找族里命好，生育上儿女双全，家庭经济上比较富裕，夫妻恩爱的女人，在两人搀扶下，出嫁的女孩慢慢挪出闺房，大有被拖着出门的感觉，姑娘哭声凄厉，歌声哀怨，令所有亲人伤心流泪，很悲凉的场面。”最后她惋惜地说：“不知道什么时候开始，这哭嫁婚俗也就要慢慢地消失了，如今的山歌只是散见于壮话山歌剧里，偶尔的丧礼上也还有一些大妈大婶唱着哭丧歌。但不得不承认，还是这些民俗的东西最能感人，最有感染力，可年轻人都不再喜欢了！”

覃昶升介绍说，他们这批覃姓，是从平南县迁徙到贵县龙山羊伞，再到贵港棉村新村，再到这里。现在清明祭祖，他们都是跟棉村新村覃姓一起祭拜，到重阳节时则回到平南去参加当地祭祖。

而在语言上，他们绝大多数会三种语言，即母语壮话和本地白话，还有普通话，后者除了年纪长一些的讲得不够清晰外，几成大趋势。近年60岁的覃昶荣说："现在的小孩回家都跟我们说普通话了，我看慢慢地就没人会说壮话了。"

## 美丽乡村造就宜居家园

独寨屯作为新农村建设示范点，是有渊源的。9月22日，记者首次来到这里时，覃昶升介绍说："我们的新农村建设源自20世纪70年代，当时政府便把这里规划为新农村，就像现在一样分为九个巷。至2012年全部建设好后，回过头来看，除了泥砖房翻盖为水泥楼，道路硬化，其他一切如旧，这都要归功于当初的规划，不然真的要拆迁的话，绝对是个大难题。"

覃昶升介绍说，现在村民建好的小洋楼每户占地约150平方米，建成约需50万元。这里人均水田1.2亩，旱地0.5亩，以种植水稻和玉米为主。单靠种田的收入是不足以建得起楼房的，由于处在城乡接合部，村民们在20世纪80年代便开始外出务工，现在的年轻人也以外出务工为主，这帮人当中，在广东一带养猪的有近20户，每户一年轻松赚十来万，其中规模最大的是覃作春、覃作忠两兄弟，他俩已在广东江门养猪十多年，目前规模不少于每批100头。目前屯里除了覃昶荣养有4头猪外，已没人再养猪，就是之前赖以为生的耕牛也只剩20头，少量的鸡也是养来过年过节时自己食用的。此外，村中剩余的劳力，特别是不愿外出打工的中年妇女，大部分到城里打散工或做家政，女的一天得100元至120元，男的则可得200元。他们一般都是早上七点半就出门，中午不回来，吃自己带的盒饭。

接着，他带我看了他自己的小洋楼，这是两层小楼，楼梯自中间而上，左右有两个大房间，前面突出地段为公共场所，还附带各建有一个小房间。覃昶升有两个儿子和一个女儿，大儿子中专毕业后现在广东美的空调公司工作，小儿子今年大学毕业后到深圳一家物流公司做管理工作，女儿大学毕业后进入苏州龙立集团做文员。按覃昶升的意思，二楼便是以楼梯为界，一个儿子住一边。"全屯有十多个大学生，这在以前是不敢想的。"覃昶升感慨道。

9月29日上午，记者在贵港市乡村办和港北区乡村办的同志带领下，再次来到独寨屯。市乡村办副主任韦永弼介绍说，港城镇石寨村独寨屯在巩固

“清洁乡村”的基础上，以全力打造“美丽石寨·生态乡村”为目标，培育亮点，以点带面，多措并举，持续提升，不断完善农村基础设施建设，全面改善农民居住和生产环境。

韦永弼说，独寨屯是自治区第四批次城乡风貌改造示范点，也是城区菜篮子工程供给基地之一。其在新农村建设中之所以取得如此大的成效，主要得力于以下四个方面：

首先是与城乡环卫一体化相结合。独寨屯将推进城乡环卫一体化作为加强生态文明乡村建设的突破口，大力推进环境卫生整治，改善生态环境，构建“户收集、村转运、镇处理”的城乡环卫一体化模式。截至目前，该屯购置了钩臂垃圾清运车1台，建设了垃圾池3个，启用小型垃圾箱50余个，配备保洁人员5人，进行清运共160余吨，各类漂浮物1吨。农村“脏、乱、差”现象逐步得到消除，为生态文明乡村建设奠定了良好的基础。

其次是与绿化造林工程相结合。以建设美丽石寨为目标，着力打造“高端、优美、景观、实效”的精品绿化工程，坚持山水村田路综合绿化，突出

独寨屯的小洋楼

重点，打造亮点，采用市场化运作、专业化栽植的创新模式，计划绿化120亩。年初，利用植树节前的活动契机，全村干部和镇干部联合起来植桂花、三角梅、兰花、桃花等各种树苗，当日种达1100余株。到目前为止，栽植各类苗木1600余株，全方位提高绿化率。

三是与改善农村基本公共服务相结合。目前，独寨屯已建成“硬化、净化、亮化、绿化、美化”五化标准的村庄，内含文化大院，农家书屋，设立“党务公开、村务公开、财务公开”公开栏，已实行网格化管理，全面提升农村社区的服务管理水平。

四是与精神文明建设相结合。广泛带动广大村民形成崇德向善的良好风尚，并以“弘扬传统美德、倡导时代新风”为主题，设立了“道德讲堂”组织集中学习，加强学习效果，深化道德教育。

这些都是官方数字，但独寨屯因此而得的好处却是实实在在的。覃昶荣回忆说，2004年建好了北环路，以前尽管城区近在咫尺，但出入要绕一个大弯，走路或骑单车到城里，耗时近一个钟头。以前村里没铺水泥路，自己的小孩去一公里外的葛民小学上学时，在泥路上滑倒，摔进别人家的田里，砸坏人家的禾苗，还被人家专门过来投诉过。现在水泥路全部通了，我们都可以将小车开回到家门口了。覃进喜说，自2012年进行了电网改造后，我们就再也没有停过电。

覃昶升自己买有一辆10万元的奇瑞小轿车。他介绍说，全屯有十多辆小车，最贵的价值30多万元。覃起新则自豪地说，现在我们屯家家户户都至少有两台电视，每家每户都光纤到户，有小孩在家的还通了宽带。电脑普及率达90%。手机更是人手一台，有些还有多台。交通工具以电动车为主，几乎也是人手一辆。而且家家户户差不多都有空调、冰箱，有的还有几台空调，家电拥有量比城里人还要高。如昶升家就有3台空调，每月电费200多元。现在冰箱空调都是嫁妆了，以前只有单车、木箱。覃起新笑着说，看来下一步嫁妆会是小车了。

覃昶升介绍说，以前垃圾都是扔到村后边的竹林根下，自清洁乡村活动开展后，这些问题都迎刃而解了。还有，在建设新农村过程中，屯里的党员发挥了带头作用。目前屯里有9名党员，常住屯里6名，3名在外务工。最年轻的28岁，最老的65岁。在清洁乡村中，每个党员管多少巷多少户，分工监督。目前屯里不仅清洁乡村建设已成常态，而且也没有出现黄赌毒。覃昶升感慨地说："在城乡接合部，这个问题才是真正致命的问题，我们做到了，是因为我们的党员真正起到了模范带头作用。"

一直不出声的村民覃进喜这时也禁不住炫耀说，他亲弟覃进军是做建筑包工的，目前为全屯最富有的人，在屯里起的小洋楼就花了70万元，他自己拥有一辆丰田小车，在城里还有套间，目前也是住在城里。屯里种植、铺水泥路等都捐款，捐款总数超过了10万元。

而最大的变化是，屯门口也早建起了固定集市，现在很多人已不做早餐，都跑到集市去吃7元一碗的煮粉。覃昶升有点埋怨道："现在人贪图方便了，真正过上城里人的生活了。"

10月3日下午，中秋节后，为拍摄当地风景，我与摄影记者张庆杰一道，再次驱车来到独寨屯。这次没有惊动任何人。进入屯后，我们就开始了抓拍。先是在篮球场上见到一些少年在打篮球，再在村委旁边的健身器材边，看见几个中年妇女在带小孩玩，一位大妈还拿着一张《贵港日报》在阅读，这真是让我们大跌眼镜——如果不是亲眼所见，真的不敢相信自己的眼睛，就算是别的媒体发出，我们也认为是摆拍之作，但，这是真真实实发生在眼前的事情啊。之后，一大帮小学生模样的小孩围了上来看热闹，张庆杰很会跟小

村中偶遇大妈读报

村民自建的喷泉

孩子打交道，教她们摆各种姿势拍照。再进去，发现一户人家正在家门前建设喷泉，我们估计这就是覃进军的家。但小孩们说，这家中没人的，他们经常不在家。我抓住一位村民询问，他说，他们节假日一般都会开展篮球、乒乓球和拔河比赛，也有唱师公戏或山歌对唱的。前几天即中秋节那天，大概有五六十人回来过节，他们在家吃完团圆饭后，便全家到城里去 K 歌喝酒跳舞，年轻人还玩到天亮。

同时，记者了解到，因山清水秀，怡养人心，该屯目前最年长的老人95岁，90岁的有2人，80-90岁的6人，70-80岁的近10人，在贵港，也算是个长寿之屯了。

记者离开时，已近六时，夕阳西下，沿途见几位村民赶着牛回屯——乡村寂静，早已远离都市的喧嚣，但它又无时不刻不在融入都市中。这幅牧归图，或许是新农村最鲜活的写照吧。■

高 瞻／文　张庆杰／摄

# 玉林

Y U L I N

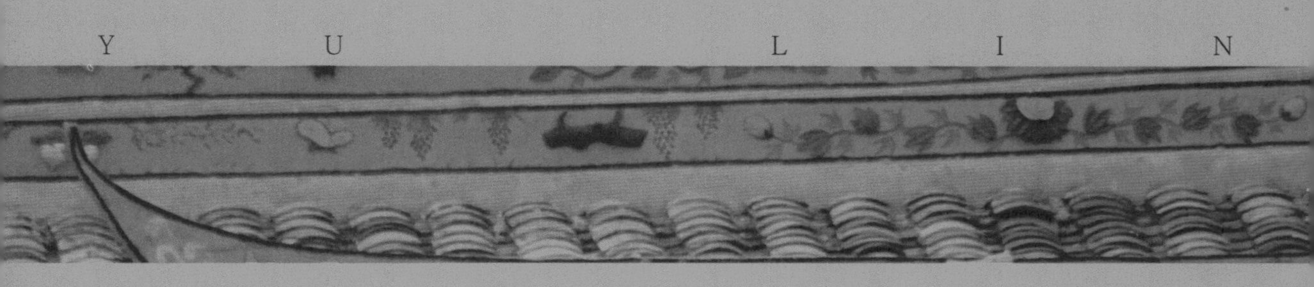

# 岭南古韵高山村

## ——玉州区城北街道办事处高山村

高山村的明清古建筑群，是岭南建筑的缩影，如何开发与保护，自然引人关注。新村与旧村并存，古典与时尚交融，显示出玉林人的智慧与努力。

### 明清古建筑，招徕四方游客

高山村，一个诗意的名字，让人不由得联想起“高山流水”这个词。高山村的山不高，可水是流动的。高山村的得名是因为周边经常发生洪灾，而此村从未被淹，故而叫高山村。高山村的水是小桥流水式的，清澈的清湾江水轻吟浅唱地从村东大垌自北向南缓缓流去。

走进高山村，犹如穿越时空的感觉，一下子让你回到几百年前的明清时代。高山村以古建筑而闻名，至今已经有五百年的历史。当然高山村也并非全靠古建筑而闻名，它深厚的文化底蕴，如一颗耀眼的明珠，在桂东南这片土地上熠熠生辉，尽现岭南风韵。

走进玉州区城北街道高山村，第一眼就会被那保存较好，风格完整，文化内涵丰富的明清建筑群所吸引。我们就好像穿越时光的隧道，回到明清时

牟绍德祠进士故居（刘展雄 摄）

进
年
紹光先烈
内閣中書進士第

代。青石、瓦顶、古树、池塘、古巷道、古闸门，尽展端庄典雅之美。

高山村自明朝天顺年间始建村落以来，至今已有500多年的历史，现存宗祠12座，进士名人故居和其他古民宅60多座，教书育人的蒙馆、大馆15间，建筑面积达51000多平方米。高山村整个古代建筑群规模宏大，布局形式独特，地方特色鲜明，展现出一幅具有岭南地区特色风貌的古代农村风景，体现出桂东南农村特色的风俗民情。

不难看出，高山村明清古建筑群在其整体布局、建筑设计、装饰艺术等方面，均表现出鲜明的古代岭南农村地方特色——

首先在建筑布局上，采用岭南常见的梳式布局形式，房屋主要是坐北向南和坐西向东（偏南）两种走向排列，村前设置鱼塘，村背坡地，村中种植树木，这是因为岭南夏季炎热，季节风向为南风或东南风，南北和东西走向阴

高山村古巷（刘展雄 摄）

凉的巷道，可引风进入居住区，还有鱼塘、树木等均可调整局部气候。

其次在防御设施上，古村落实行封闭式管理是其一大特点，同一家族聚居一处，但各家各户自成体系，互为邻居，守望相助。为防止盗贼入村抢劫偷盗，高山村自清咸丰二年（1852）开始修筑绕村围墙，兴建闸门，共设置闸门五个，分别为丹凤门（南门）、日华门（东门）、五云门（西门）、锁钥门（北门）和聚星门。现存的丹凤门为砖木结构的二层建筑，墙体设置射击孔。而每条巷道两端也设置小闸门，具有很强的封闭性，现尚存安贞门、古庙门、企岭巷等巷门。绕村围护除筑墙外，还充分依托岭南常见的刺竹和水塘作屏障，既可减少用工用料，还能增强防盗效果，绿色屏障改善了景观，水塘有利于排污。内部交通以14条总长2000米的青砖巷道为连接，畅通无阻。

在建筑设计上，为适应岭南地区多雨、炎热的特点，墙体多采用外青砖内泥砖的砌筑形式，外层青砖较高的强度有利于抵御风雨对建筑的侵蚀，内层泥砖具有较好的隔热保温效果，使室内环境得到改善。

在建筑装饰上，门窗、屋脊及各种装饰艺术丰富多彩。大门使用岭南地区特有的"推龙"做法；多种形式的窗棂图案的使用恰到好处；屋脊装饰有博古、卷草、鹊尾等多种形式；题材丰富的高浮雕雀替；以吉祥题材、传统教化故事、花草虫鱼为主题的壁画；为了扩大建筑与室外的过渡空间，在宗祠建筑中使用较多的"前接檐"手法；在梁柱上赋予了使用者美好的祝愿和希冀等特有的寓意做法。如思成祠香火厅的后檐柱从中间对半锯开，形成榫头合成一条圆柱，寓意"兄弟同心、和睦相处"，议事厅分别在五条圆柱的不同高处，从中间对半锯开形成榫头再合成圆柱 ，五条柱子的接口分别由高到低呈阶梯状排列，寓意"代代相接、五代同堂"；此外还有融风水、美学、礼制三位一体的屏风在建筑中的设置……这些细节都折射出房屋建造者和使用者对美好生活的向往和追求。

高山村明清古建筑群众多的宗祠建筑，反映了中国传统的寻根情结、宗族制度和封建礼制观念，记录了大量历史、民俗方面的信息：高山村的宗祠发育非常典型，不仅表现在宗祠数量多，而且等级、层次分明，以及以宗祠建筑为中心的平面布局形式，这是广西已知古代建筑组群中所独有的。

高山村明清古建筑群众多蒙馆、大馆的建筑又是其崇文重教、书香不断、文风兴盛的直接反映：高山村村民向来重视教育，早在明嘉靖二十六年

进士堂（刘展雄 摄）

（1547）便办起了“独堆坡书房”，开学传授。随后各个大姓氏竞相开办了各式蒙馆、大馆等，发展至清代，村中有蒙馆、大馆共15间，学风浓郁。与此同时，为确保族内子弟不因家贫而辍学，各大姓氏均建立奖学金制度——“蒸尝助学”制度，即每年从宗祠所有的田租中拨出大部分经费资助族内学子读书、升学、赴考，使得所有学童均有机会进学馆习读。绍德祠《韬光祖给发大小馆束修记》碑记所载的相关内容便是“蒸尝助学”制度的一个直接见证。而书写在承绪楼厅堂的朱熹治家格言则反映出高山村村民治家严格、治学严谨、对后辈勤于勉励的优良传统。蒙馆学堂的林立、蒸尝助学的传统、传统教化的施行，使得高山村学风浓郁，文风兴盛，人才辈出，因此古代小小的高山村出了进士4名、举人21名、秀才211名 。民国至今大学生500多人，可谓诗书传继、名流辈出。

高山村明清古建筑群鲜明的岭南古代农村地方特色、典型而丰富的宗祠文化、文风兴盛、人才辈出等这些特点正是其文化价值之所在，而这又正是一定历史和生态环境中形成的文化意义在建筑上的具体反映。

高山村具有岭南风韵的古建筑，格外迷人，其深厚的文化底蕴吸引了不少外地游客。明朝地理学家、旅游家徐霞客曾于公元1637年途经高山村，被数百棵几个人才能围抱的参天巨松、十多棵遮天盖地的大榕树等自然景观及热情好客、纯朴善良的民风所吸引，并夜宿高山村，这些情况在其游记，以及《郁林州志》、《广西史料》中均有记载。高山村还是《风雨桂东南》、《朱锡昂》等电视剧的外景拍摄地。

## 崇文重教，村民和谐相处

走进高山村的时候，几位老人笑呵呵地对我们说：“我们这个村子叫‘进士村’！”高山村人自古以来就非常重视教育，从民国到现在，村子里共出了大约500多名大学生。这对一个今天仍然只有3000余人的小村子而言，是非常不简单的。玉林市第一名北京大学和清华大学学生皆出自高山村。还有连续四代大学生、三代大学生、两代大学生的，同代两人以上大学生的家庭比例也都不少。其中新中国的大学生李山高、李鼎宇、李贵高兄弟三人毕业后

干净整洁的道路（覃丽蓉 摄）

在不同的工作岗位上都做出了突出的贡献，先后被江泽民、李鹏、朱镕基、吴邦国等党和国家领导人接见。实现我国飞天梦想的“神舟”系列，也有高山村学子牟科强的一份功劳。

走进高山村，随便问起一个年长一点的村民，他们都可以对高山村的名人津津乐道。每当谈起高山村出了多少进士，多少秀才，多少大学生的时候，他们的脸上就会绽出自豪的笑容。高山村人是非常重视教育的，他们的理念就是再穷也不能穷教育，砸锅卖铁也要送孩子读书。高山村人重视教育源于自古以来的光荣传统。牟姓早在明代万历年间，就开始在村里兴办蒙馆（启蒙教育的小学），科举时代，村中蒙馆最多时竟有15家，甚至还办过日语私塾。村中其他姓氏宗祠，也都建立有奖学金制度，每年从蒸尝田的收入中拨出大部分经费，用以资助族内子弟读书或赴考。宗祠中便存有道光年间记载的奖励读书的制度：凡村中男丁，六岁入学即每年奖励六百文钱，到入大馆即每年奖励一千文钱。

从1992年起，村民自发组织“兴乡会”，筹集了一笔专门用来奖励优秀或扶助特困学生的基金，每年都拿出六千元到八千元奖励学生和老师。每年的优秀学生都张榜公示，村委会和村民代表就敲锣打鼓送奖金到学生家里，村民都争相加入观看，把这看作是最光荣的事情。对知识的尊重、对文化的褒扬、对人才的敬仰，成了一份割不断的血脉，成为高山人最突出的“标识”。这种重视读书育人的优良传统，一直延续下来，成为一道靓丽的文化奇观。

高山村人为了孩子的健康成长，多大代价都愿意付出。我们在高山村里听到这么一个故事，非常感人。高山村陈荣是20世纪50年代贵州大学毕业的大学生，毕业后分配到贵州税务系统工作，娶了一个贵州少数民族的女子为妻，生了一个儿子取名陈家驱，因为是汉人，家驱从小被人欺负，受到他们的排斥。陈荣觉得这对孩子的成长非常不利，为了孩子的健康成长，他毅然辞掉了公职带着老婆孩子回老家高山村生活。刚回来的时候，因为家里连房子都没有，只好借村里人的房子居住，村里的乡亲对他们一家非常好，无论在生活上还是工作上，都给了他们很大的帮助。家驱在这种和谐友爱的环境

高山村的彩雕艺术（刘展雄 摄）

中，学习成绩一直很好，终于在1981年考上了清华大学。一个地方为何能出人才？与家长的重视和生活环境的教育氛围是分不开的，这就是大家经常说的人杰地灵的内在含义。

高山村人不仅重视教育，人际关系也很和谐。我们走进村里，看到村民们脸上的表情都是很平和的，看起来心情挺舒畅的样子。在高山村，村干部的工作很好开展。村里现在有牟、易、陈、李、钟、冯、朱七个姓氏，数百年来，各姓村民一直能够和平共处，以礼相待。走在高山村整饬有序的道路上，我一直在思索着这个问题：高山村人的人际关系为什么能如此和谐？当我看到坐在大榕树下专心读书的孩子，大人一张张从容平静的脸，老人们那淡定的目光时，我突然明白，是读书，是文化的熏陶，是自古以来那些先人传下来的文明。他们大多出自书香门第，知书达理。文化修养会自然提高村民的整体素质，一群有素质的村民，自然会形成一个和谐的村庄。

在别的村很难办的事，在高山村都很容易办成。前几年，因为要在规定时间内把原来曲折不平的环村泥路改建成宽敞平直的水泥路，改建需要村民自筹部分资金，还要拆除部分村民的房屋。拆民房，在很多地方都是一个棘手的事情。而高山村就不一样，听到这个消息后，村民们踊跃捐款，连五保户都坚持要出一份力量，需要拆迁的农户也都积极配合。村民牟礼荣三兄弟的米厂正是紧张生产期间，但当他们得知建路要拆除厂房的一角之后，马上表示同意，并且不愿接受村里给的补偿。当村里坚持按大家商定的标准给他们补偿金2000多元后，这三兄弟马上又将这笔钱捐给建路基金。

## 新旧文化接轨，古典与时尚并存

中国传统村落有着农耕文明的精髓和中华民族的根基，蕴藏着丰富的历史文化信息与自然生态景观资源，是乡村历史、文化、自然遗产的“活化石”和“博物馆”，是传统文化的重要载体和精神家园。在高山村，保存完好的、具有岭南风韵的古建筑与新建的时尚楼房新旧交融，别具一格。

旧村位于村中心，新村沿旧村的外围扩展，形成半个包围圈。保护传统文化与发展新文明协调发展，使得高山村的新旧文化很好地接轨，古典与时尚同时并存。这就是我们现在所看到的高山村的样貌。

廉石广场（黄宇翔 摄）

随着“清洁乡村”向“生态乡村”的转变，高山村绿化、美化农村生活环境，铺设草坪绿地，种树栽花，一年四季，宫粉紫荆、黄金榕、桃花、桂花等花树飘香，空气洁净。在饮水净化方面，2014年投资135万元，建设了农村环境连片整治项目，进行污水无害化处理。

在高山村利用丰厚的文化底蕴和旅游文化资源，依靠明清古民居建筑群，大力发展旅游业，荣获建设部授予的“中国历史文化名村”称号。通过旅游开发提高知名度之后，高山村吸引投资商到村中投资开发，实现了文化带动旅游、旅游带动经济、经济推动文化的良性循环。如今的高山村，通过传统村落的保护和现代新农村建设的发展，以及近年来“清洁乡村”的美化，已经成为一个富有古典韵味和时尚风格的美丽村庄，令人流连忘返。

走在高山村，你会看到高山村村民的腰杆子是挺直的，脸上的表情是自

污水处理池（玉州区城北街道办事处办公室供图）

信满满的。生活在这样底蕴深厚、和谐宜居的家园里，确实是值得人发自内心的自豪。■

萧妙婷 / 文

# 不同的戏台演着同样的戏

## ——北流市民乐镇萝村

如同桂东南的诸多村落，萝村保留了爱读书的传统，村中望族均为读书人家，书香绵延，义学昌盛，乃该村命脉，也是当今乡村文化复兴的力量所在。

### 青山秀水露真颜——萝村概貌

萝村，在北流是个响当当的村庄，只要提起萝村，人们都会竖起大拇指。提起萝村，我们不得不提起陈柱，提起无锡国专，提起那些古建筑和她深厚的文化底蕴。

一个小伙子自告奋勇给我们带路，做我们的向导。小伙子告诉我们，萝村有一个古戏台和一个新戏台，逢年过节，无论是新戏台还是古戏台都有人演戏，非常热闹。那么，如今这两个戏台都演着什么样的戏呢？带着这个问题，我们跟着小伙子一起走进萝村，看看这两个不同的戏台演的都是什么戏！

萝村位于广西东南部，北流市北部，背靠桂东南最高峰大容山麓余脉白水岭，山形犹如网纲。村前一马平川，遍种庄稼。再往前有若干个小山丘，起伏绵亘，若网状，故萝村被人誉为“网地”。潺潺的泉水，汇成一条小河，

萝村新貌（李飞 摄）

自西往东，缓缓流经村前，注入北流河（属珠江水系），河水灌溉着千百亩良田，从而使萝村无旱涝之患。村庄周围遍种荔枝、龙眼，白壁屋舍掩隐于绿荫之中，颇为清幽雅致。整个村庄历史悠久，地灵人杰，集建筑遗产、文物古迹和历史文化于一身，蕴含着丰厚文化底蕴，是北流乃至桂东南著名的望族村。

萝村于明代中叶甚至更早便有人开发居住了，距今至少550年。至于北流的名门望族萝村陈姓，始祖陈楠，原籍浙江省台州府天台县白石乡，宋末壬申举人，丙午进士，官北流县知县而落籍北流。原本陈姓在今北流城区陵宁街居住，明崇祯年间，因住地建县府，大部分陈姓迁居萝村。

我们一进到萝村，看到萝村周围都是荔枝园林，村中的古宅院落便掩隐于这参天古树之中。据一位李姓老人介绍，萝村百年以上的荔枝树约有147株，分布于云山寺、良田、东北门等处。史载萝村的古荔树与村庄一般古老，其中长在良田陈柱故居旁的一株，树龄达600年，要四五个人才能合抱过来，

陈柱故居内的古荔枝树（辛祖军 摄）

堪称“岭南荔枝王”。萝村荔枝品种繁多，优质荔枝果肉甜脆爽口味香，核小，每年夏至熟透，这时节，荔树绿叶之间，一丛丛的红，给萝村的自然景观，增添了绚丽的色彩。

萝村现有602户2607人。村民均为汉族，操粤方言，也有讲客家话的，80%以上的村民会说普通话。

20世纪90年代以来，由于经济发展和生活水平的提高，不少村民在保护好古建筑和古风貌的基础上，建起了砖混结构的别墅、楼房，新旧交相辉映，和谐融洽，古老风貌的村落呈现出社会主义新农村的迷人身姿。

## 墨汁芬香飘千里——萝村的文化教育

走进萝村，墨汁芬香扑鼻而来，现在让我们感受一下这望族村的深厚文化底蕴，及他们的现代教育情况吧。

萝村地灵人杰，自古至今人才辈出，共出进士4名，举人11名，贡生13人，文秀才48人，武秀才7人。

据萝村的陈姓老人介绍，唐宋以来，由于中原人大量南迁，带来了黄河流域和长江流域的先进文化，而汉族人大规模地徙入北流也可追溯到宋代，此时的北流，虽处于荒蛮之地，但随着学官与书院的建立，文气渐开，人文初起，文风亦日盛。北宋绍圣元年（1094），同科出了冼积中、坦中庸两个进士，虽说其“标志着北流汉族人开始进入中国高层文化圈”稍显夸大，但至少可以说明当时文化水平与中原先进省份之间的差距正在逐渐缩小。

容州人于1132年建勾漏书院于北流城东的学官旁，该书院与柳州的驾鹤书院成为广西最早的两间书院，随后，北流各地纷纷建义学及书院，在相当长一段时期里，书院及义学十分兴盛，书香绵延不断。

作为北流仕宦大族的萝村陈姓，聚居北流陵城时便已经很重视文化教育。“积钱不如积书，钱有尽时，书是取之不尽，用之不竭的财富”，这是萝村陈姓的祖训。萝村人认为知识就是财富，族中子弟多爱寒窗苦读，因此，自始祖陈楠起，萝村陈姓便人才辈出。

当时，北流已有重视文化教育的良好氛围，也在陈姓子弟中形成一股浓

萝村统领屋（辛祖军 摄）

厚书风，并为萝村后来培养出一批进士和举人打下良好的基础。其中不乏可圈可点者，如陈楠之后，元代北流陈姓二世祖和三世祖陈绍裘、陈对杨均为举人，陈绍裘官至翰林院侍读，诰封朝奉大夫，陈对杨先任广东遂溪县尹，后任翰林院侍读，诰封直奉大夫；四世祖陈文昌于明永乐二年甲申科会试中进士，官至翰林院侍读，后任礼部尚书，诰授奉直大夫（与李文凤同榜进士，县曾立双进士坊纪之）；此外，五世祖和六世祖陈鼎、陈盛祖，先后中举，陈鼎官至广东雷州府训导，湖广永昌县知县，时县有七贤坊，为明举人雷州训导陈鼎等七人建，陈盛祖为广东灵山县知县，时县立有五桂坊，为明举人广东灵山县知县陈盛祖等五人建。其实这是萝村世守祠一脉相承下来的，一门六代皆进士、举人，世代书香，人才绵延，通儒硕学，可以毫不夸张地说，这不但是北流文化史上的奇迹，在广西文化史也是个奇迹。

萝村除陈姓外，冯姓和林姓相对于附近其他村落来说也毫不逊色，清同治年间，隆昌林十年间连续出了叔侄武举人林耀章和林长春。冯姓在光绪年间也出了举人冯锡光。

清末废科举后，萝村于1904年创立本村初级小学。民国二十三年（1934）又创办高级小学。特别是抗战期间（1939—1942），无锡国专迁校萝村，更加促进了萝村文化教育发展。1989年于指月楼拓建了萝村小学，学校建筑面积2664平方米，教室12间，可容学生600多人。

萝村人嗜书，稍为殷实人家都有藏书，陈柱家尤最，经史子集无所不藏。村中勤学青年，随时都可在此找到所需典籍。建国初期，曾用了一大卡车把陈柱的藏书运往广西图书馆收藏。

在陈柱的故居里，我们看到了有关陈柱的介绍。陈柱（1990—1944），字柱尊，号守玄，生于书香门第之家，祖父陈宗鲁，清太学生。咸丰年间曾在乡筑“梅花书室”，创办北流“铜阳书院”。父亲陈开帧，清光绪贡生，历任北流保卫团局董事，劝学所总董，十里局董事，对北流的教育事业“事无巨细，无不历任其劳”。

陈柱和黄宾虹大画师相交于忘年，友情笃厚，大画师1928年到桂林讲学，曾应陈柱之邀到萝村，期间作画多幅，陈柱为之题跋，今已成为诗书画三位一体的传世珍品，为人所珍重、收藏。黄宾虹的北流之行，是大画师生平的重要艺术经历，也可在北流乃至广西文化史上写下浓重的一笔。

萝村因为深厚的文化底蕴，孕育出一代代读书人，除了民国前陈柱那一批名流之外，现在还有航天科学专家中国航天研究所所长陈奇妙、科学家中国科学院自然资源研究所研究员陈光伟、美国卫星通信公司总工程师陈京红等一大批知名专家学者。

萝村人向来重视教育，他们舍得投资教育，如今的萝村小学是一座现代化小学，校园布局合理，环境优美，教学设施完善，为了提高学生的普通话水平，2013年初，萝村小学“校园·新闻联播”节目在该校四年级53班开播，该节目模仿中央一台“新闻联播”，播报该校新闻。他们想通过这样的培训，带动所有学生讲好普通话，把萝村小学打造成一个说普通话氛围浓厚的乡村小学。

## 古色古香耀万家——萝村的历史文化资源

走进萝村，最吸引人眼球的就是那些古色古香的古建筑，经过萝村的古城堡、古巷、古井、古桥时，总会有一种穿越时空的感觉。那是一笔巨大的历史文化资源。现在，就让我们清点一下，萝村究竟都有哪些历史文化资源。

萝村堡遗址，建于清道光年间，为防匪贼獗乱而建。萝村古建筑群之间，有着曲折迂回的小巷约计278条，总长约6015米。陌生人到来难辨方向和处所，流窜小偷也不敢贸然作案。巷面河石敷设，不甚平坦。屋巷的一边砌有排水沟。排水沟集各家各户排出的污水及天然雨水，把其引入村边池塘，或送入小溪汇入民乐河。村巷除给村民行走便利外，也是建筑群体间很好的防火带，一旦发生火情，可迅速疏散人员、财物。这种集通道、防火、排水于一体的古巷，展现了萝村先人的智慧和科学建筑理念，确实令人佩服。

萝村的历史文化资源有明清风格的古建筑群鳞次栉比，规模较大的计有10多幢。仅祠堂、宅院、寺院就占地16087平方米。这些古建筑，屋顶犄角翘峨，顶脊四周浮雕，屋内壁画均为泥塑木雕，雕梁画栋，熠熠生辉。萝村的古建筑，屋内屋外大多绘有壁画，形成了古建筑艺术的独特风格和别致特色。现萝村的古建筑、古风貌保存基本完好。

萝村的古寺庙云山寺位于萝村东面，是桂东南古代著名乡村佛教圣地。寺正屋两进二开间，面积约672平方米，砖木悬山顶结构，墙壁有人物花鸟画，寺门楹联是：云呈天宝；山显地灵。云山寺前有古戏台，始建于明朝，清光绪庚午年重修，是桂东南地区为数不多的古戏台。每年农历二月十九日，是云山寺“庙会”，这天热闹非凡，戏班子前来演木偶戏、采茶戏、春牛戏等，也有表演现代舞剧和粤剧的。抗日战争时期，无锡国专和村高小师生在这里演抗日剧目频繁。

萝村的古民居有陈宗经故居（无锡国专萝村校址）、陈柱故居、进士屋、镬耳楼、陈宗鲁故居、统领之家。

萝村云山寺（辛祖军 摄）

在小伙子的指引下，我们还观看了萝村的古祠堂。萝村的古祠堂有陈锡门祠、陈克成祠、陈芗林祠、陈玖人祠、林氏宗祠、冯氏宗祠。这些祠堂的建设虽然各具特色，但都宏伟壮观。

古文物、壁画也是萝村一笔不小的历史文化遗产。

萝村非物质文化遗产主要有两项，一项是云山寺庙会，一项是裴圣奶文化节。据带路的小伙子说，农历二月十九日是云山寺庙会，农历三月十七日是裴圣奶诞辰纪念日。北流民间有祭祀裴圣奶的习惯，萝村也不例外。裴圣奶，原名裴九娘，“圣奶”是其死后人们对她的敬称，宋末元初北流市西埌乡六井村人，其时智除贼首，后为保一方平安，在抗击大容山匪贼时壮烈牺牲。死后乡民自发筑坟建庙祭祀她。

## 新村旧院同台唱——保护旧村落建设新农村

走进萝村，我们看到保护完好的古建筑和新建的楼房整洁有序地并列着，好像是一排排站岗的士兵在保卫自己的家乡。

陈辅邦祠的壁画（辛祖军 摄）

萝村古戏台（辛祖军 摄）

萝村经历了几百年的历史变迁，但仍保存了极有明清特色的民居和其他历史文化建筑及遗址。一直以来，靠着萝村人民的自觉保护意识，原有的古建筑、古桥古树等保存完好。近年来，各级党委、政府以及有关部门也对萝村古迹的原貌保存、古建筑修缮、环境整治等方面做了大量的工作，保护机构、保护范围、保护标志、保护档案“四有”工作逐一落实，防火、防盗、防损坏的规章制度和具体办法较为完善，使得萝村文化历史古迹保存得更为完好。

为了加强对萝村历史文物的保护，萝村被评为“广西历史文化名村”。这一荣誉的获得，给萝村的新农村建设带来更多的发展机会。

小伙子带我们参观完古村落，又带我们去新村参观。他一脸自豪地说：“其实我们农村人的生活跟你们城里人的生活也差不多，我们也有电脑、电视、网络，还有文化中心。”我笑着嗯嗯地应着。小伙子先带我们去看了萝村的污水处理厂，又带我们去看了萝村的运动场、图书馆、远程电教室、文化中心等。走访完萝村的新村，感觉萝村的村民生活跟我们城里似乎已经没什么两样。

我们走在民乐镇萝村的路上，看到道路笔直平坦，房屋美观、大方气派、整齐划一，文化活动设施齐全，村容村貌干净整洁，房前屋后花草树木淡妆浓

萝村进士屋（辛祖军 摄）

抹，交相辉映，呈现出一派“村庄园林化、设施现代化、生活城市化”的新农村建设景象。

在对村民的采访中，一个年长一点的村民跟我们说，萝村不但在硬件建设上下功夫，在软件建设上也是煞费苦心，村委会巧用族史、村史、名人成长史等，引导启发村民从自己做起，从我家做起，弘扬传统，做一个知书识礼、有文化涵养的新型农民。

听到村民的这一席话，我感慨良多，如果中国的每一个村庄都像萝村这样，在软实力方面下功夫，对民村进行素质教育，那么中国人的整体素质就会提高，我们的中国梦，就不再只是一个梦，实现中华民族伟大复兴也将指日可待！

小伙子带我们到新戏台的时候跟我们说，旧戏台逢年过节都会上演采茶戏，配乐有本地的八音、二胡和锣鼓等，台下的观众是围了一层又一层。新戏台呢，演的多是“群星演唱会”，爱唱爱跳的村民上台表演，台下欢呼、掌声此起彼伏。

采访完毕，我们准备离开萝村，此时，对于之前的问题，我心中已经有了答案——萝村，无论是昨日的旧戏台还是今天的新戏台，上演的都是同一出戏，这出戏的内容就是唱响今天新生活，期盼明天美好未来！我相信，这个飘满书香的萝村充满希望。■

萧妙婷 / 文

整饬有序的村庄（玉林市美丽办供图）

萝村新村新貌（蒋金泰 摄）

# 贺州

H E Z H O U

# 泱泱文风吹拂千年的状元故里

## ——富川瑶族自治县朝东镇秀水村

乡村建设的要义，是对传统文化的传承，读书可以改变自身命运，也是对天下兴亡的担当，秀水村的状元楼、进士堂，是古风遗韵，也是现代启蒙。

### 潇贺古道，状元故里

秀水，这个村子的名字充满了诗意和美学意味，也让人遐想。起这个名字的人，必定是有学识的。果不其然，翻开这个村子的历史，着实被震撼到。

这个村子也叫秀水状元村。秀水自唐朝科举开考，先后出了1名状元、26名进士、17名举人，因此得到“状元故里”之誉。

给这个村子命名的人，毛衷，也是村子的创建人。毛衷是唐开元年间进士，从浙江衢州而来，任广西贺州刺史。毛衷到此地察访民情，看见山岭毓秀，树木葳蕤，溪水淙淙，是一个有山川灵气，有文脉气场之地。数年之后，毛衷带着他的第三个儿子毛傅在此建寨居住。

秀水建寨至今已有1300多年的历史，以“一村（秀水村）、两水（秀水河、青龙湖）、三山（青龙山、灵山、独秀峰）、四落（石余、水楼、八房、安福

秀水河边

四小村落)”的分布特点，形成山、水、村、田园相互交融，人文与自然交相辉映的空间布局，保留着较为完整的街、巷、坊，以及极具唐、宋、元、明、清特色的民居建筑。在千年古巷里穿行，欣赏以状元文化为主要线索的人文景观，感受千年泱泱文风的吹拂，状元楼、进士堂、古戏台、古牌坊、宗祠、书院、古树……以及上至皇帝下到知县赐封、贺赠的各种牌匾，因此秀水有“宋元明清古建筑露天博物馆”之称，成为中国古村落最美的一道风景线。

这样一个人杰地灵的风水宝地，这样一个有着千年文脉的村落，位于粤、桂、湘三省(区)交界处的富川瑶族自治县朝东镇，距县城30公里，距贺州市90多公里。秀水有14个村民小组，共2694人。查阅历史，秀水也在潇贺古道的东南侧，作为海上丝绸之路和陆路丝绸之路的重要对接点，潇贺古道连接了潇水和贺江，是古代中原沟通岭南最重要的交通要道之一。因此，秀水至今仍保持着各种古道遗存，比如状元坪的鹅卵石砌成的花街图案，象征着秦汉时期车舆的车轮与车轴。进士门楼的宽度与车舆辕架相同等，都是毛氏先人从潇贺古道迁徙至此的印记。古道的开通，不仅加强了贸易往来，也便利了人才往来，信息交流等，这也是秀水出状元、进士和举人的原因之一。

走进秀水，村道干净，整洁，空气清新，有风而至，似乎能感受到千年文脉的泱泱文风，但自然的气息更加浓烈。抬眼见山，树木青葱，满眼绿色。秀水河静静地流淌着，溪水清澈，可见水草摆动，鱼儿欢游。两岸杨柳依依，垂入水面。一位阿姨在水边洗菜，我蹲在水边和阿姨聊天：“阿姨，早几年我来过这里，那时溪中有很多垃圾，很脏，不能洗菜的。”阿姨麻利地洗着生菜，答道：“是的，脏得很，不过现在好了，村里治理河道，不能乱丢垃圾。”阿姨洗完菜，站起来，把不要的菜皮用袋子装好，拎回家了。我看着她的背影隐入一片绿色中，她拎菜皮袋子的动作，让我明白了这个村子何以这么干净整洁了。

秀峰山下的状元楼前是秀水村的标志性建筑，楼前，清澈的溪流缓缓流逝。一位清瘦的老人和一位着蓝色碎花布衣的老妇人坐在门口的石墩上聊天。我走过去，老人很自豪地介绍：“这是状元楼，也是我们毛家的宗祠，每年祭祖时都在这吃饭的。”楼宇青砖黛瓦，飞檐翘角，兼具江南楼宇和寺庙建造特点；正大门上方斜挂三块金字匾额，居中为“状元及第”，“文魁”、“进士”分挂两边。楼内是状元毛自知的塑像，香火袅袅。

老人负责状元楼的卫生，每天打扫，保持清洁。保洁员的工资并不多的，但老人很为这份工作自豪，觉得年纪虽然大了，但仍能为村里做点实事。

状元楼外的古樟树已经有四百多年的历史，村里还有八百年的樟树，古树苍苍，见证着历史。山脚下是一排明清时期的古屋，已经修缮完毕，灰墙黛瓦，灯笼悬挂。岸边的亭子里，几位老人在下象棋，几位妇女在树荫下剥豆子，很是安逸、闲适。

状元楼正对面是一个亭阁式的古戏台，逢年过节，四方村民依然会汇聚这里欣赏当地民间业余剧团的精彩表演。戏台以八根木柱作为支架，属单檐木石砖瓦结构，据说台柱四脚下埋有四个大水缸，能起到强烈的共鸣效果，锣鼓敲响，远在十里开外都能听见。

状元楼

毛阿叔和他老伴

## 小巷幽幽，门前三包

古村落里，鹅卵石铺成的小巷，斑驳的青砖，颜色不清的挑梁，雕花的木窗，咿呀而响的木门，爬在墙角的青苔，古意幽幽，小巷亦幽幽。我情不自禁地说，好干净了，没有牛粪、鸡粪了，垃圾也不到处丢了，最主要的是排水的沟渠没有异味了。我想起几年前，我下村调研，当时的情形还历历在目：牛粪、鸡粪到处可见，沟渠的水很臭，垃圾也到处乱放。就因为当时对秀水留下这种印象，我有很长时间没来了。开展“美丽乡村”建设以来，这里焕然一新了。村民的积极性很高，把自家门前屋后都收拾得干干净净、整洁有序。

是的，上午采访分管秀水村“美丽乡村”建设工作的朝东镇武装部部长黄凤翔，这位年轻而充满朝气的部长说：为了解决秀水的“脏、乱、差”问题，朝东政府采取“抓投入、抓监督、抓落实”的方式，全面加强秀水村的环境卫生整治力度。我问他投入的资金是多少。黄部长说：“总共投入清洁专项资金500多万元，在全村配置垃圾分类收集桶500余个、清运垃圾斗车3辆；修

状元坪

建垃圾收集池4个，垃圾焚烧炉1座以及相关配套设施等。”我感叹道，难怪秀水整理得这么干净整洁，投入确实是关键，这是“美丽乡村”建设的最根本的基础。

“那么抓监督呢？”我觉得他们这些举措是落实到点上的，很实在。黄部长说，抓监督，首先是建章立制，召开村民大会，制定秀水村村规民约。形

成制度监督，户与户、人与人之间相互督促的良好氛围。我对这村规民约很感兴趣，这是转变村民思想的关键，村规民约是大家共同制定的，那么，就会去遵守。在一旁的毛天全村支书说，我们村有一个理事会，是民间的，选举德高望重的村民当会长。理事会配合“两委”的工作，监督落实清洁乡村的工作。

秀水村人数多，垃圾杂、散，镇政府要求村民垃圾分类分放，聘请8位村民作为保洁员，一天一小扫，三天一大扫；两位专人每天负责将垃圾桶、垃圾池中的垃圾转运至焚烧炉进行焚烧处理。

走到状元坪时，鹅卵石铺砌的花街，放眼望去，没有一片纸屑、果皮。文魁门楼，进士门楼，花街牌坊，唐、宋、元、明、清的古民居建筑群坐落其中，各具特色。状元坪原来是一个集市，还保留着唐宋元明清时期的商铺门窗。从那些雕花的挑梁，门楼，瓦檐，依稀可见当年的繁华。作为潇贺古道的一个驿站，秀水当年的兴盛，是不难想象的。

何阿婆做的绣花童鞋

古旧的门楼前，几位老婆婆坐在那里一边纳鞋底、绣鞋面，一边聊天。门柱下放着做好的童鞋，五颜六色，很好看。一位八十多岁姓何的阿婆，给我看她做的鞋子，让我捏捏看，她笑得很和蔼：结实吧？我点点头，结实，手工很好。她笑起来，年纪大了，没什么事，做着玩。她指指门楼后的房子，那是我的家。我看去，她家的老房子，门前种满了果蔬，路面干净，杂物摆放整洁，真舒服啊，我感叹道。阿婆笑呵呵的，她发白的头发挽在后面，梳得很好看，衣服是深紫色的印花衫，安详从容。这样一个把自家和自己收拾得干干净净的老奶奶，让我感叹秀水的洁净和美好是被一种深厚的文化底蕴慢慢渗透的。

## 读书岩，伴江东，吾辈代代传家风

穿过茂盛的松木林，前往青龙潭。走在树荫下，有“屋在林中，人在画中”的感觉，更有“沉醉不知归路”的欢喜。

青龙潭在青龙山下，碧水幽幽，一旁的贵妃泉流水淙淙，有几个孩童在游泳。泉水流处，建有一座古戏台，台在水中，湖在侧旁，树木葱茏。原来的青龙潭很零散，为了整合成一个大湖，以便更好地清理水源，就用参股的方式来整合青龙潭，村民按田地面积来参股分红。

县水电局投入了100万的饮水项目，从乌源山的水库找一个取水点，建一个乌源水厂，解决了全镇的饮水问题，村民到处乱挖井的现象不再出现。

“投入资金10.8万元，对秀水村部楼前进行绿化；投入资金18万元，对秀水状元楼、进士堂进行排污引水及风雨桥边的道路硬化；投入资金60万元，进行太阳能路灯建设……”

一个个数据，说明了政府投入的力度；一处处绿意，透出了秀水的清新；一处处洁净，映出了秀水的美丽……

“鳌头山，独秀峰，毛家出了个状元公。读书岩，伴江东，吾辈代代传家风。”秀水小学的校园里，孩子们在玩游戏，跳绳。放眼望去，田那边，山那边，是村民的果园，秀水水土气候适合种植脐橙，这是他们得天独厚的优势。不仅如此，勤劳智慧的秀水人，充分利用大量留存完好的明清古村民居、宗

绿意盎然

祠、祖庙、古戏台等文物古迹，尤其是以状元楼为主线的人文景观这一优势，深入挖掘自身丰富的历史文化资源，现在已初步形成集生态休闲、旅游观光和文化风情于一体的特色旅游路线。

“既耕亦已种，时还读我书。穷巷隔深辙，颇回故人车。欢言酌春酒，摘我园中蔬。”陶渊明笔下的这种诗意生活，也是秀水的一种写照。■

林 虹 文/摄

# 百色

B A I S E

# 农家乐经济，大山也宜居

## ——乐业县同乐镇央林村火卖屯

坐落在天坑群的怀抱中，这是火卖屯的幸运，把自然景观保护好，坐拥发展生态游、农家乐的天时地利，山乡改变面貌指日可待。

### 坐拥天时地利

在世界闻名的乐业大石围天坑群景区中，有一个叫“火卖”的地方，这里的村民们不等不靠，在艰苦的自然条件中“逆袭”，依托大石围天坑的知名品牌发展旅游服务业。他们修公路、整房屋、置景点、扫院落、开门店，把一个贫穷落后的小山村变成了远近闻名的美丽新村，成为大石围天坑群生态旅游开发众多景点中的一颗“绿色明珠”。

火卖屯是乐业县同乐镇央林村的一个自然屯，地处“世界地质公园”乐业大石围天坑群景区之中，坐落在百色至乐业新公路边的一座大山上，海拔1300多米，距离乐业县城仅8公里。全屯共有97户451人，主要居民为汉族、壮族，世代以耕种旱粮为生，兼以采矿、务工作为另外的经济来源。由于长期的岩溶地质作用，这里形成了一个四周高、中间低的喀斯特小漏斗式盆地，保存了独具特色的自然生态和纯朴古雅的民风民俗。

乐业县被誉为“世界天坑之都”，在约20平方公里范围内已发现28个天坑，其天坑数量和分布密度在世界上绝无仅有。在全世界13个超大型天坑中，分布在乐业的就有7个，被誉为“世界天坑博物馆”。大石围天坑群景区开发后，很快就以奇特、险峻、恢宏、壮丽、生态环境优美等旅游观赏价值而驰名中外。在天坑群怀抱中的火卖屯，有着优美的自然风光、浓郁的农家风情和保存完好的生态景观，坐拥了发展生态游、农家乐的天时地利。

从气候条件看，乐业县属于亚热带湿润气候区，极端高温34℃，极端低温 -5.3℃。因其无霜期较长，年平均气温在16.3℃左右，冬无严寒，夏无酷暑，被誉为“天然空调”圣地，是旅游、休闲、度假的好地方。而火卖屯自身的旅游资源也非常丰富，南面有大曹天坑，西南面有世界第二大地下大

火卖屯掠影

火卖寨门

厅——红玫瑰大厅，以及飞虎洞，西北面有迷魂洞等神奇的岩溶景观，西边紧邻穿洞天坑景区。屯内有古朴的染布、制香、造纸等民俗，房子的木质结构独具特色，周边岩溶洞穴中生长着各种形态奇特的石笋、石柱、石“头盔”、石盾、莲花盆等奇观。此外，在东南方的观音山上还可以观看旭日东升与茫茫云海，对摄影爱好者来说是一大诱惑。

## 探索生态旅游

长期以来，祖祖辈辈住在高山之上的火卖村民，由于自然条件的限制，生产生活环境异常艰苦，群众脱贫致富有心无力。1999年，在邹应泽、邹龙生两个党员中心户的出资带动下，火卖屯修通了一条3公里的屯级路，打通了与外界的联系。2002年，300多个村民以合股投资的方式共同开发农家乐旅游，他们自筹资金在屯里修建石板路，开办住宿、吃饭、看洞一条龙的农家乐旅游“10元店”，把大石围天坑群景区的游客吸引到屯里吃饭、观光、过夜，拉开了全屯发展农业生态休闲旅游的序幕。

农家乐生态游开展后，火卖屯成了全县第一个通柏油路的自然屯，先后

整洁干净的院落

新修了10多公里公路，新栽了几十亩林木，常年还有人义务维护秩序、清扫垃圾。屯里坚持走共同富裕道路，通过开办农家乐旅游先富起来的农户热心帮助其他农户。过去几乎无外地人光顾的深山老林，现在每年都有10多万外来游客，屯里甚至还接待过来自美国、法国、德国、意大利、日本等20多个国家的旅游、探险专家和游客。

## 形成品牌辐射

火卖屯是百色市2007年实施的8个新农村建设试点之一。为做大做强农家乐旅游，当地群众大胆发展乡村生态旅游及其配套产业，带动其他产业发展，形成品牌辐射，努力实现“家家有产业、户户有收入”。

成立火卖屯农家乐旅游协会就是当地村民的一大创举。屯里对农家乐旅游实行统一管理，安排专人负责导游、统计和安保工作。按照协会运作管理模式，全屯7户农家乐经营者严格执行协会制定的收费标准，从旅游经营收

火卖屯农家小院

入中每接待一人提取3元，作为集体周转金和未经营农家乐农户的股金分红。同时，积极发展集约化养殖业，引导不发展农家乐旅游业的农户改变传统的散养模式，集中在新建的养殖区内发展养殖，形成规模化、集约化养殖模式。利用土地培植无公害蔬菜，在周边村屯连片开发种植了50亩野菜，形成以蕨菜、龙须菜、山芹菜、鱼腥草、车前菜等野菜为主的种植基地；种植桃果、石榴、猕猴桃、布朗李等观光水果，打造水果观光产业带。屯内建成的登山步道，提升了火卖屯户外运动的吸引力，促进了农家乐旅游的长足发展。

## 打造度假天堂

开发农家乐旅游10多年来，火卖屯已发展成为乐业大石围天坑群景区一颗“绿色的明珠”。然而，对这个旅游、休闲、度假和进行户外运动的好地方，当地村民是如何管理的呢？走进如今的火卖屯，你会看到亮丽的村寨大门、宽敞的道路和停车场、标准化的路灯和景区标志牌，还有木瓦结构的房屋层层叠叠、错落有致，成群结队的游客来到这个高山寨子吃饭、打牌、爬山、度假，玩得不亦乐乎。

开发农家乐旅游接待以后，村里就开始抓环境卫生建设，制定村规民约，引导村民自觉遵守卫生规定。为保持屯内环境清洁卫生，火卖屯先后建成了雨水排水工程，在路边安置大量的垃圾桶，建设了垃圾中转站等一批完善的环境卫生配套设施，各家各户分别建有家庭水柜、沼气池。同时，通过政府投入、单位帮扶、群众自筹、社会资助等多渠道方式，逐步改善清洁设施设备，还专门请了保洁员负责维护日常清洁卫生。村子里的清洁工作有了保障，虽然村子扩大了，游客增多了，但这里的公共环境还是常年保持清洁干净。

为提升生态旅游品牌，火卖屯积极传承和发展高山汉族文化，充分利用山歌、八仙、唱灯等传统民俗，丰富农家乐旅游文化内涵，努力构建规范、文明、和谐的新村。如今的火卖屯，村容整洁，环境优美，青山树木葱茏，空气清爽宜人，火卖人与野生动植物和谐相处，成为生态保持完好、城乡清洁、和谐共处的典范，从一个小山村变成了远近闻名的富裕村。■

黄尚宁／文　李星华／摄

# 一个省级贫困村的美丽蜕变

## ——田阳县那满镇露美村

清洁乡村对于相对贫困的村屯，更有一层难度，露美村通过改变经营模式，不仅改变了乡容乡貌，也提升了壮乡儿女的生活水准，成为远近闻名的乡村建设示范点。

### 露美，展露美丽之意

在右江河谷中游，有一个历史悠久的古城田阳，境内的敢壮山在传说中是壮族的发祥地。这是一个典型的名不见经传的壮族村落，离县城仅20多公里，却因自然条件的限制，千百年来和壮族的文字一道淹没在历史的汪洋大海中。

长期以来，露美村因交通闭塞、条件艰苦、产业单一，始终无法与贫困划清界限。在这片贫瘠的土地上，当地人生息繁衍，随遇而安，似乎从未有过什么奢望。

但露美村的美丽蜕变似乎就在一夜之间，在短时间内经历了化茧成蝶、脱胎换骨的巨变。宽敞洁净的村道、白墙黑瓦的楼房、整洁气派的广场、绿树成荫的院落……有谁能想到，这会是两年前仍处在贫困线下的自治区级贫困村。

露美村宝市屯全景

## 规模经营，精准扶贫

过去，露美村的生产生活条件相当落后，农村基础设施匮乏，农业产业单一。平时群众走的是坑坑洼洼的黄泥路，住的是破破烂烂的泥瓦房，2012年农民人均纯收入仅为2025元，远低于田阳县平均水平特别是右江河谷生活水平。

对于一个处在贫困线下的壮族村落而言，改善人居环境首要解决的是脱贫致富问题，这是提高群众生活质量的根本。倘若村民们吃不饱穿不暖，每天都要在柴米油盐的着落上挣扎，农村人居环境的改善就无从谈起。如何才能迅速摘掉贫困的帽子？露美村及周边村屯的壮乡儿女依托各级党委、政府和有关部门的大力支持，在广泛征求群众意见的基础上，编制了《露美片区三年发展规划》，围绕扶贫、党建、清洁三大主题，对产业发展、基础设施建设、清洁乡村等方面作了顶层设计，着眼于把露美片区打造成为广西扶贫综

露美村口

合开发示范区、清洁乡村示范区和基层组织建设示范区，探索一条可持续发展、可移植推广、可借鉴学习的新农村建设路子，力争2015年全村农民人均纯收入达到田阳县平均水平，2020年达到右江河谷先进水平。

产业单一是露美村致贫的主要原因之一。露美片区涉及露美村周边2镇5村68个屯，有19个屯未通自来水，17个屯未通屯级路。露美村由布露、宝市、叫眼3个屯组成，共有374户1486人，全村山多田少，人均耕地不足1亩。长期以来，当地村民主要经济来源是种植玉米、水稻和外出务工，种养品种比较传统，具备现代技术和创新成果的种类不多，全村基本没有什么像样的经济作物。为统筹产业调整，当地会同自治区有关部门研究制定了露美片区农业产业发展规划、乡村休闲旅游区总体规划及近期实施规划、醉美乡村绿色生态旅游景区建设规划，对农业产业结构调整、产业扶持保障措施、发展特色生态观光农业等提出了有针对性的指导意见，把农民的发展理念和发展思路引向现代农业。“农村发展是一个有机体，农业和旅游、生态环境是相辅相成的，如果把生态保护、村屯风貌改造、清洁乡村、群众素质提升与发展观光农业结合起来，就能够提高农产品的附加值和生命力。”露美村党总支书记黄俊说。

黄俊是广西乃至全国为数不多的、由正科级公务员身份担任的村支书，到任刚满两年，见证了露美村壮族儿女打经济翻身仗的过程。在经济基础差、生产生活条件落后、农村基础设施不齐全的环境下，提高生活水平、实现脱贫致富的难度是可想而知的。于是，改善生产条件便成了摆在村民们面前的头等大事。从2013年下半年起，在自治区水利、国土、畜牧等部门支持下，露美村实施了总投资达7300多万元的高效节水灌溉、土地整治和畜禽栏舍建设工程，整个露美片区修建供群众有偿使用的牛棚8座、鸡舍9座、兔舍9座，平整土地7600多亩，硬化田间道路25公里，修建排灌水渠、防护堤17.5公里，实现有效灌溉农田和山地（主要种植杧果）1.06万亩，为产业结构调整提供了广阔空间。到2014年底，片区共新增蔬菜种植面积1000亩，新增杧果种植面积7600亩，完成杧果低产改造面积1600亩。

农业生产条件的大幅改进，激发了壮乡儿女发展生态休闲农业的积极性，也吸引了一批农业龙头企业到露美村投资兴业。最有代表性的就是聚之乐公司。自2013年11月入驻露美村布露屯以来，该公司租用当地农民耕地约200亩，创建了露美创意农业园，规模种植金线莲、草珊瑚、葡萄、火龙果、蘑菇等经济作物。在经营管理上，采用合作社、家庭农场等模式，运用现代农业科技，努力提高土地产出率，促进农业增效、农民增收、农村发展。当地农民以每亩一年1300元的租金流转土地，既有租金收入又可通过劳务获得报酬，租金还以50元的幅度逐年上涨。村民周顺军把自家的2亩多地租给聚之乐公司，夫妻俩利用自己的农业技术为公司管理农场，每人每月工资1800元。“以前村民们的土地用来自己种，累死累活也没多少收成，现在流转出去就轻松多了，租金定在那里只多不少，平时只需要打点零工就吃穿不愁了。”露美村委副主任陆文军说。

目前，已有6家企业来到露美片区，租用上万亩土地，连片种植火龙果、香蕉、葡萄、西红柿等水果蔬菜和中草药，加快了农业的标准化、规模化、现代化。进驻企业还发展设施农业，通过种植花卉、亚热带特色水果蔬菜等，打造农业观光园和水果蔬菜采摘园，为发展乡村休闲旅游、建设现代特色农业核心示范区贡献力量。在特色种养业方面，露美片区累计种植西葫芦约600亩，每亩可实现利润4000元；种植龙豆100多亩，每亩可实现利润5000元。村民罗继柳种有5亩番茄、10多亩杧果，每年收入五六万元不在话下。村民罗洪波除规模种植杧果超过20亩外，还当起了农村经纪人，在收获季节里走村串户收杧果，如今他已发家致富买起了小汽车。到2014年底，露美片区农民人均收入达5506元，其中露美村5150元，比两年前翻了一倍多。

在扶贫开发攻坚中，为防止出现“富则愈富，穷则愈穷”的现象，露美村产业扶持的重点放在贫困户上，推出了一系列精准扶贫的新举措，切实解决群众的自我发展意识和自身“造血”能力。他们改变过去上面给指标、下面“看菜吃饭”的做法，采取“群众推选 + 政府核实”的方式找准扶贫对象，确保扶贫扶在真正贫困的农户身上。同时，采取“群众评议 + 村委研究”、“政府帮扶 + 农户自愿”的方式找准致贫原因，找出解决贫困的有效对策，确保扶贫扶到要害上。针对部分群众因病、因残或无劳动力致贫等实际情况，露美村完善合作社运作模式，引进养兔大户建设了两个养兔基地，并以托养方式让26户贫困户参与进来，每户年均可分红560元。目前，全村分别成立了养兔、养鸡、养牛及杧果、番茄种植专业合作社，把分散和规模较小的种养户组织起来，抱团发展，实行统一生产、统一管理、统一标准、统一销售，有效抵御了市场风险。

土地整治后的田间道路

## 远程教育，小额贷款

基础设施落后、产业发展单一、农民增收渠道狭窄、公共服务滞后，这是当前贫困村的普遍状况。通过实施产业扶贫，露美村解决了影响村民居住环境和生活质量的经济基础问题，在短短两年时间里实现了脱贫致富。有了经济条件的露美村如何才能真正实现脱胎换骨？露美村实施的整村综合建设是全方位、立体式的，它给当地壮乡儿女带来的必然也是整体上的变化。如今走进露美村，白墙蓝瓦的特色民居错落有致，房前屋后绿树掩映、花草环绕，呈现出一道道亮丽的乡村景致。新建的村部大楼美观气派，村内还建有广场、LED 显示屏、篮球场、老年人活动中心、惠民超市、卫生院、村小学等配套设施，为人居环境的改善和提升奠定了坚实基础。

发展和建设是露美村始终紧紧抓住的两条主线。俗话说，要致富，先修路，这是千百年来不变的真理。为改善农村基础设施条件，从2013年5月起，露美片区实施了道路交通通畅、村屯风貌改造、易地扶贫搬迁、人畜饮水安

露美村宝市屯的休闲篮球场

全等32个基础设施建设项目，极大改善了村内的公共活动和教育医疗文化设施，为群众提供了良好的生活服务环境。两年多来，全村先后修建了露美村办公楼、老年人活动中心、市场、卫生室、村小学及宝市屯公共活动室、篮球场等基础设施，增设村幼儿园并开设“留守儿童之家”，新建容量达200方的水池，解决了全村人口的饮水安全问题。在道路方面，完成了露美至康浮四级公路建设，使进出莲花山景区和山区村屯的道路全线贯通。连接那满镇与百育镇的三同大桥建成后，将全面打破露美片区交通物流的重大瓶颈。

在如今的露美村，白墙蓝瓦的特色民居是这个村庄最引人注目的一大特点。据露美村委副主任陆文军介绍，过去由于经济条件限制和生活习惯等原因，当地村民建起新楼房之后，一般不进行立面装饰，砖头都露在外面，看起来杂乱无章、极不协调。在上级相关部门支持下，该村实施了全村房屋外立面改造工程，投入800多万元给房屋“穿衣戴帽”，激励和带动了群众的建房、改造热情。全村374户村民通过申请贴息贷款或自筹资金900多万元，新建房屋61栋，加层扩建75栋，并完成了房屋外立面改造，整个片区的村容村貌焕然一新。为了进一步调动群众参与村屯风貌改造的积极性，露美片区统一制定了《村屯风貌改造奖励办法》，采取“以奖代补”方式，动员3个村13个自然屯的753户群众自筹资金、自主设计、自行施工，相继完成了房屋外立面改造。对按要求完成房屋外立面改造的农户，给予每户3000至10000元的补贴，并补助部分建房装修贷款利息；整屯按时按量完成改造的，优先实施村屯道路、排水排污、绿化亮化等改造工程；对组织得力、改造效果好的村屯，再给予一次性资金奖励，用于村屯的日常保洁费用。

露美村处在城乡接合部的一个壮族村落。然而，周边村屯仍有不少群众长年居住在大山里，交通十分不便，生活条件恶劣，如何帮助这些人通过整体搬迁脱贫致富，成了露美片区整村综合建设的一大内容。在那满镇新立村，新建起的扶贫生态移民安置点——广新家园内，有的居民楼正在封顶，有的正在装修，不少来自大石山区的贫困群众已入住多时。广新家园一期项目规划用地70亩，涉及5个村19个屯，搬迁石山区群众93户353人，总投入3180余万元，其中群众自筹部分为1670余万元。新立村23组的邓以才户原来居住的地方十分偏远，摩托车进不到家里，每次到那满街赶圩要徒步3个多小时，生活苦不堪言。2015年初，邓以才在装修完毕后成功入住广新家园，并在自家房屋的一楼做起了便利店的小生意，生活迎来了曙光。新立村陇那屯罗耀忠户来到广新家园已有一年，起初是住在自己搭建的帐篷里，房子基本完工后，还未装修全家人就先住了进去。“老家那里实在太苦了，我们都恨不得早点搬出来，这样才能看到希望。”罗耀忠的妻子坦言。

在整村综合建设中，人始终是改善自然条件和人居环境的根本。解决建设和发展问题，必须首先解决人的思想问题。为此，针对群众文化程度普遍较低，懂技术、有经验、会发展的致富能人和乡土人才极为匮乏的实际，露美片区实施了群众素质能力提升源头工程，通过日常宣传、强化教育培训、组织外出考察学习等方式，让当地群众的思想先富起来、能力先强起来。为促进露美片区基础教育协调发展，在重建露美小学教学楼和宿舍楼的基础上，片区又新建了新立村幼儿园教学综合楼和新立村、百敢村、宝美村小学教学综合楼，配套建设了学生食堂、校园环境美化绿化等，使整个片区的基础教育条件得到全面优化。当地还采取联合办学的方式，从田阳县实验小学、幼儿园定期选派优秀年轻教师到露美片区各小学蹲点支教，从广西师范学院选

旧貌换新颜的露美村宝市屯

派大学生到片区进行教学实践，建立不同专业、不同层次的专家师资库，增强了片区的师资力量。仅2014年，该村就从田阳县城选派了12名优秀年轻教师到露美小学蹲点支教，选派20名大学生到片区小学实习，让村里的孩子切切实实享受到了与城里孩子同样的教育。

在农民实用技术培训方面，露美村利用远程教育系统，在会议室、食堂等公共设施内，建立了露美片区新型农民文化素质和实用技术系列培训基地，向群众提供“点单式”培训服务。培训的课程紧贴群众实际，兼顾群众发展不同产业、从事不同职业的需求，既有养兔、养鸡、养牛等养殖技术培训课程，也有厨艺、茶艺、汽修、理发等职业技术培训课程。对杧果、西红柿种植等技术含量较大的培训班，露美村采取函授制办学，每次办班为期一年，每月至少面授一次，学员优先享受推荐就业和扶持政策。目前，片区已在露美培训基地成功举办了杧果实用技术和文明礼仪培训班，培训村民6期400多人次，学员覆盖5个行政村。

为改善农村居住环境及条件，露美片区积极探索和实施农村金融改革，

露美小学

加大贫困村扶贫开发力度，创新扶贫支农模式，成立5个金融服务中心，落实392名金融辅导员，负责金融知识、产品、贷款产权交易咨询和信用初审、保险理财培训推介等工作，全方位服务广大群众。同时，设立农商行、金融投资集团露美贷款临时办理点和自助银行，群众在自家门口就能办理存、贷、取等金融业务，消除了农村金融服务盲区，打通了农村金融服务“最后一公里”。农商行2014年8月出台了诚信奖励和失信制约办法，将农户小额信用贷款额度由原来5万元提高到10万元，主动为露美片区增加额度和放贷。对参加扶贫生态移民易地搬迁的农户，在广西率先实行农村按揭贷款，解决了群众的贷款难题。截至目前，全县各金融机构已在露美片区发放农户贷款1618户，贷款总额达7146万元，给露美片区企业发放涉农贷款达4300万元。

## 经营环境，守护家园

村内发展、建设好了，剩下就是如何管理的问题了，改善农村人居环境更离不开管理。2013年5月以来，在编制露美片区三年发展规划、乡村休闲旅游规划时，当地把露美村作为一个景区来规划，把每一个村屯当作一个景点来设计，形成了完整的美丽乡村建设规划体系。为改善群众生活环境，露美片区投资300多万元在布露、叫眼和宝市屯修建了污水净化池，铺设排污管道连接各家各户，实行污水集中处理。对畜禽养殖集中区，通过建设10个沼气池，实现人畜分离与畜禽粪便的无害化处理。同时，采取政府投入和社会捐助的办法筹集近600万元，先后配备自动装卸式垃圾清运车1辆，挂臂式垃圾清运车2辆，垃圾箱20个，配套垃圾桶100个，建设垃圾池106座，发放垃圾袋17万个，提升了整个片区的基础设备条件。

对已完成风貌改造的村屯，露美片区把重点放在加强管理、巩固成果、改善环境上，通过建机制、抓落实，使保持整洁干净成为村民的新习惯，使环境优美成为露美的新常态，使建设美丽乡村成为群众的新追求。最有创意的就是“美在露美·星级组户”的评比，使村屯清洁卫生管理形成了长效机制。2014年初，经反复征求群众意见，该村制定实施了《露美村“五星评定”评比办法（试行）》，从遵纪守法、家庭和睦、清洁卫生、创业增收、文明礼貌等五个方面，对村民的生产生活行为提出明确要求。同时，每个自然屯成立乡村建设管理委员会，对各组各户执行情况进行交叉评比、量化打分、评星定级，对星级高的农户进行表彰，每个季度汇总奖励一次，星级组户可获得化肥、大米等物质奖励。对不交保洁费、污水处理费和化粪池建设费的农户实行三个“一票否决”，对存在脏乱差的农户，则通过大屏幕、广播等形式曝光，全面激发了村民自觉讲卫生、人人讲责任的内在动力，在全村营造了比、学、赶、超的良好氛围。

布露屯村民罗洪山每天早晨都打扫自家院落，全家人养成了不乱堆乱放、不乱扔垃圾的习惯，在全屯先后开展的三次评比中，罗洪山户均被评为“星级文明户”，得到了物质奖励。对于这项荣誉，罗洪山觉得贵在坚持，养成习惯了就不想再改变了。开展评比活动以来，露美村已先后拿出集体经费13.5万元，奖励群众大米5.6吨、化肥23吨，受益群众304户。村部所在地布露屯的保洁费按时缴纳率达100%，房前屋后、公共场所垃圾定期清理率达100%，全屯乱摆乱放、乱丢乱扔现象明显减少。很快，露美村的做法被邻近的新立村学了去，他们依托帮扶单位提供的资金援助，在全村开展“最美自然屯”和“星级文明户”评比，做得好的给予2000元奖励。“露美片区开展整村综合建

露美村布露屯一角

设就是围绕扶贫、党建和清洁三大主题进行的，新农村新在哪里，关键就在环境卫生，这是农村居住环境改善的前提。”新立村党总支书记罗朝阳一语道出了环境整治的重要性。

在农村环境卫生日常管理中，露美村深入开展陈年垃圾、庭院环境、畜禽养殖、污水源头、农业污染“五整治”活动，以自然屯为单位向各家各户定期收取保洁费，聘请专职或兼职保洁员，通过“村收、镇运、县处理”的办法，统一打扫、清运和处理垃圾，推动村屯保洁和垃圾清运常态化。50多岁的村民黄玉兵是布露屯的专职保洁员，他从事这份差事已经有两年多了，每月工资2000元，据说这在百色市乃至广西的屯级保洁员中都是最高的。每天早晨6点，黄玉兵起来后的第一件事就是打扫村部广场和学校周边区域，8点钟回家吃过早餐，接着又开始挨家挨户地收垃圾，忙到中午12点甚至1点才能收工。他还有一位搭档，每月工资只有800元，负责清扫村内的主干道，不用负责垃圾清运，工作轻松不少。“大家都知道这是一份重活，但是农村好与不好关键就看环境卫生了，现在布露屯变得这么美，如果让它还像以前那样脏乱差，该多不忍心啊。”黄玉兵乐呵呵地说。

为加强对农村人居环境的管理，露美村出台了村屯房屋建设管理办法，要求所有农户新建住房必须符合建设规划布局、统一房屋外立面装饰设计，配套建设化粪池及排污管道。农户新建猪圈等建筑物的，须在户主预留的宅基地上建设，并配套建设沼气池，没有预留宅基地的一律不准乱搭乱建。坚决执行“一户一宅”制度，对村民建新房后尚未拆除的旧房，由户主自行拆除，或划归村集体管理经营发展种养业。对露美片区原有的采石、采矿等对生态环境造成破坏的企业，当地组织了统一整顿，关闭了一家到期的采矿企业，矿区的生态环境也得到了逐步恢复。

发展生态休闲农业是露美村改善农村环境、提升人居质量的又一举措。2013年5月以来，该村一面完善旅游观光设施，一面鼓励企业、群众投资发展旅游服务项目。在自治区旅游局的支持下，露美片区结合现代农业核心示范区建设，启动了醉美乡村旅游接待服务中心、特色水果园、杧果园、西红柿种植基地等建设项目，在重要节点设置了各种旅游标识牌。在整合现有力量加大投入的同时，该村广泛开展了招商引资活动，有两家企业投资建设了观光展示、培训接待中心，两户农户自主开办了农家乐。2015年6月，在广西绿色产业投资洽谈活动暨合作项目签约仪式上，露美片区成功签约了总投资达1亿元的田阳县“梦里壮乡”国际生态旅游中心项目。项目由济南澳海碳素有限公司投资兴建，按照国家4A级旅游景区标准，分两期规划建设，建设内容主要有特色农业基地、壮家大院、户外运动区和生态休闲乡村等板块。其中一期项目建设壮家大院度假村、玫瑰园、驮烈河湿地公园等，预计2017年建成；二期项目建设山地休闲康体运动区、莲花山慈云阁、龙门天街、壮乡民俗文化展示中心等，预计2021年建成。项目全部建成后，每年可接待游客40万人次，实现旅游综合收入1亿元左右。

“建设好，新农村，本条约，要牢记；爱国家，爱集体，跟党走，志不移；用科学，谋生计，勤劳作，同富裕……”如今走进露美村，你会发现宣传栏上张贴的标语格外引人注目，这就是露美村新制定的村规民约。“日子好过了，居住环境和村容村貌改善了，村民们的素质也要相应提高，这样才能更好地建设我们的美好家园。”露美村委主任周有强说。如今，村规民约就像一面镜子，成为村民们言行举止的参照物，平时该做什么不该做什么，大家都会铭记在心，自觉遵规守矩、自我约束。通俗易懂、朗朗上口的村规民约被村民们争相传唱，潜移默化地影响着壮乡儿女，在美丽乡村的征途上阔步前行。

露美村新村部

## 破茧成蝶，美丽蜕变

两年多来，在整村综合建设、发展和规范化管理中，露美村终于脱胎换骨、破茧成蝶，从一个省级贫困村变成了远近村屯争相学习的乡村建设示范点，全村三个自然屯和周边村屯都实现了“美丽蜕变”。2014年11月，由自治区党委宣传部、自治区乡村办主办，广西日报传媒集团承办的“美丽广西·清洁乡村”摄影纪实展活动走进露美村，引来不少村民直奔露美村照片而去。在照片墙前，村民们发出了好奇的声音：“这是哪条巷道？”“这是谁家的围墙？”显然，镜头里的村庄与他们每天住着、看着的村庄有点不一样。“村子搞得那么干净，照片拍得太漂亮了，村民们一开始认不出来就很自然。”村支书黄俊解释。

为了巩固整村综合建设的成果，提升农村人居环境质量和水平，从2015年起，露美片区启动了产业发展、乡村生态旅游、精准扶贫、文明村风和谐乡村示范区建设，出台了“四个示范区”创建实施方案和年度工作计划，掀

露美村布露屯全景

起了新一轮建设发展高潮。在特色产业发展方面，通过发挥资源优势，优化产业布局，推进产业规模适度化、组织模式公司化，增强农业发展的活力，提升整个片区的农业现代化水平，促进农村发展、农业增效、农民增收。这里面的建设内容包括建立健全水利体系、调整优化农业产业结构、推进现代农业核心示范区建设、推进畜牧养殖业发展、建立健全农业服务体系等，每项工作都落实了具体的牵头和责任部门。截至目前，露美片区水果产业基本实现了香蕉、杧果“两个1万亩”目标，圣女果、西葫芦等蔬菜种植面积达2100亩；片区还成立了4个山羊养殖专业合作社，共有山羊养殖户49户，山羊存栏1748只。

针对农业产业单一、旅游资源丰富的实际情况，露美片区对发展乡村生态旅游作了重新定位，致力于发挥山水田园风光优势，通过引进大型旅游企业进驻，努力把露美片区打造成为广西乡村生态休闲旅游示范区和国家4A级乡村休闲旅游景区，使休闲旅游业成为露美片区战略性支柱产业和新的经济增长点。目前，新引进上亿元的梦里壮乡旅游项目正着手进行景区规划设计和征地前期工作，总投资400万元露美片区旅游景区游客接待中心项目已完成总工程量的35%。在创建精准扶贫示范区方面，紧紧围绕实施新一轮扶贫开发目标，大力实施精准扶贫，力争整个片区到2017年底实现贫困村、贫困户全面脱贫，为2020年与全国、全区同步全面建成小康社会奠定坚实基础。目前，露美片区已采取了一系列精准帮扶措施，如提供务工信息、实施产业扶贫、完善基础设施、加强教育扶贫等，增强了贫困群众的自我脱贫、自我发展能力。

创建文明村风和谐乡村示范区，是露美片区改善农村人居环境、提升村民生产生活质量的又一举措。为不断提高全民素质和农村文明程度，当地以“创文明村风·做文明村民”为抓手，以创建“十星级文明户”为载体，通过宣传培训、评优创建等措施，不断提升农村精神文明建设水平。2015年4月底，那满镇和露美村成立了镇、村两级学习习近平总书记系列重要讲话精神讲习所，配备学习资料200多册，先后开展讲习所活动50多场次。露美片区还编写了一套涵盖文明礼仪、公共卫生、疾病防疫、交通安全、法律法规等知识的文明素质培训教材，利用露美农民培训基地开展文明礼仪、法律法规、健康知识、诚信教育等各类培训8期，培训人数达500人次，有效提高了农民群众的综合素质。

为把文明村风和谐乡村示范区创建活动引向深入，从2015年起，露美片区组织各村屯开展了县级文明村屯和“和谐单位、和谐乡镇、和谐村屯、和谐街道、和谐社区、和谐家庭、和谐学校、和谐企业、和谐邻里”创建评选活动。目前，整个片区已评定表彰县级文明村屯2个、和谐村屯8个、和谐邻里3个、和谐家庭5个。2013—2014年，露美村被评为自治区“清洁乡村·百佳村屯”荣誉称号。2015年7月，自治区人民政府授予全区14个镇村“广西特色名镇名村”称号，其中露美村被评为“广西特色生态农业名村”。

从田阳县城驱车40多分钟，穿过土山与石山中间一道长长的峡谷，你会发现这里带给你的不仅仅是干净，不仅仅是整洁，不仅仅是亮丽。如果与这里的壮乡儿女搭上话，你会感受到他们的热情，感受到他们的变化，感受到他们从骨子里透露出来对美丽乡村、美好生活的向往。这就是露美，一个地处城乡接合部的行政村，一个曾经的自治区级贫困村，在两年多的整村综合建设中实现了“美丽蜕变”，并把自己的美充分展露了出来。

村民们说，现在的露美才是名副其实的“露美”。■

黄尚宁／文　甘霖／摄

# 河池

H E C H I

# 指尖上的工贸名村

## ——都安瑶族自治县地苏乡大定村

山藤、竹子、野草、甘蔗叶，在大定村村民的手里，变成了精致的民族手工艺品，美观、实用，远销二十多个国家和地区。

### 山环水抱，人杰地灵

在广西都安瑶族自治县千山万弄深处，有这样一个小山村，它依山傍水、民居错落、生态迷人。这里虽然是九分石头一分土的“石山王国”，却漫山遍野长着竹藤草芒，这些看似平凡的东西，被村民们带回家经过加工编织后，变成一个个精致的手工艺品，远销国内外，造就了广西首个“竹藤草芒编织之乡”。它就是享誉四方的特色工贸名村——大定村。

大定村位于都安县地苏乡西面，距离县城约13公里，居住着瑶、壮、汉等7个民族。全村分5个片区54个生产小组，共有1223户4673人。

一个初秋的清晨，我们来到大定村，站在村口放眼望去，稻田里稻穗饱满，从望不到边的山坡一直延伸到脚下。爬上村口的一座小山，俯瞰山下，整个大定村尽收眼底。金黄的稻谷，翠绿的玉米，柔软地铺在大地之上。碧

依山傍水的大定村（覃德莹 摄）

大定村口（郭丽莎 摄）

绿澄清的大定河从远方逶迤而来，丝绸般蜿蜒流淌过大定村，一座座房舍沿河而建，青瓦白墙，点缀在初秋的田野上，显得恬静悠远，好一幅清丽秀美的瑶乡画卷。

大定村四面青山苍翠，连绵环抱，把大定村包围在其中，层峦叠嶂的风景层次，富有空间深度感，正符合中国传统理论在山水画构图技法上所提的“平远、深远、高远”等风景意境和鸟瞰透视的画面效果。

大定村水资源非常丰富，大定河贯穿全村，四季不断流，而且是三河汇聚处，水源充沛、水质澄清。青山绿水，可以陶冶人的性情，让人的身心得到较大的美化和启发。

## 资源环境中的保护意识

走进村子，道路整洁，空气清新，稻田里传来阵阵稻香。缓缓流动的大定河，苍翠的群山，参天的古树，青瓦白墙整齐有序的民居，营造了一幅秀美宁静的南方画卷。

生态迷人的大定村（覃德莹 摄）

大定村一直以传统手工业草芒编织来发展经济，近几年才逐步发展旅游。

山藤、竹子、野草、甘蔗叶，这些生活中最常见的东西，常常被丢弃或焚烧，但当它们来到大定村村民的手上时，通过村民们的巧手层层加工，一个个精致的具有民族特色的手工艺品就诞生了，这些手工艺品有图腾、动物、吉祥物、生活用具等。这些形状多样、妙趣横生的工艺品集观赏、实用、装饰于一体，漂洋过海，远销二十多个国家和地区。

为保护本地生态环境，以往焚烧的稻草秆和玉米秆以及芭蕉叶、苔藓草等，现在都变废为宝，拿来加工做成编织材料。编织公司还到龙州、凭祥、靖西等地去采购编织原料，实现了零污染、零破坏地发展经济，达到了经济发展和生态保护的“双赢”。

穿壮族服装学习编织的姑娘（都安县美丽办供图）

在改革开放前，这座大石山区的村寨是典型的贫困村，人均耕地面积不足0.7亩，人均收入不到300元。1998年，为创建河池市小康文明示范村，村党支部以“公司＋农户”的方式，引导村民发展竹藤草芒编织工艺特色产业，由公司培训农户后，让农户把原材料带回家加工，再由公司收购回来精加工后出口。2011年，大定村开始实施特色工贸名村建设，村民们在接受新技术培训后，眼睛盯住市场，主动参加各类交易会、展销会，既推销自己的产品，也获得了外面世界的新信息。这些年，大定村的编织品漂洋过海，远销美国、英国、日本、澳大利亚等20多个国家，村里人的生活发生了翻天覆地的变化。全村70%的农户起了两层以上的钢筋混凝土结构住房；家家有电视机、固定电话、手机、电脑、农用三轮车和摩托车，有的家庭还有轿车，成了都安县最快进入小康的村庄。

农户家的房前屋后都堆放着编织的竹藤材料和编织成品，村民坐在屋子里，几个人一边说笑，双手一边飞快地编织。我们来到一户门口晒坪上晒满了编织品的村民家里，还未进门，就看到一楼的大厅放满了编织品和原材料，一位头发已经花白的大娘坐在门口，她神情自若，双手灵活，竹藤在她怀里来回穿梭，阳光斜打在她的身上，有一种祥和的美。

“大娘，您做编织品有多少年了？”我问。

“三十多年了！从一开始发展编织就做到现在。”大娘居然用正宗的普通话回答我。

“大娘，你普通话说得好正宗啊！”我赞叹说。

大娘腼腆地哈哈大笑，“经常有人来参观，我们也要学一点，好介绍产品啊！”

“下一步要学点英语，因为经常有外国朋友来参观！”

精湛的手艺，精美的手工艺品，看产品，下订单。

我们参观了一家编织厂，看到琳琅满目的产品，大开眼界。以前，一直以为手工编织的东西不外乎是一些日常用品，而能用来编织的材料不外乎藤、竹、芒几种，想不到，大定村人除了竹，藤，柳，草，芒，还利用玉米叶、芭蕉叶、甘蔗叶、稻草、苔藓草等，编织出各式各样的动物、吉祥物、花篮、花杯、花园盆套、吊篮等一系列款式新颖的工艺品和居家用品，品种多达上千种。

外国朋友来参观（都安县美丽办供图）

编织盛会（都安县美丽办供图）

一进厂门，两边就挂有编织篮，篮子里种植一些花草，看着别有一番趣味。在大院空地上，一只马和象的编织品立在门口，高大威猛，栩栩如生。

编织车间里，各种各样的编织品展现在眼前，从鸡、鸭、猪等畜禽，到花篮、盒子等器物，一个个令人眼花缭乱、目不暇接。厂长指着一条龙的造型介绍说："这条龙长2.5米，是采用经过加工后的水葫芦作为原材料，经手工精心编织而成，变废为宝。龙是中国的吉祥物，作品象征着中国以更加自信的姿态昂首阔步、勇往直前！"又指着一个高约一米的一个瓶子说："这个瓶子高0.8米，是用芭蕉皮和玉米衣加工作为原材料而做成的，名字叫作瑶乡之瓶，'瓶'和'平'谐音，寓意为瑶乡世世代代都平平安安！"

看着一个个凝聚着村民们智慧和汗水的工艺品，我们仿佛看到了大定村人们对生活的热情和无限向往，他们用自己的劳动编织出了一首首甜蜜的生活之歌。

学习编织（都安县美丽办供图）

幸福院（郭丽莎 摄）

幸福院（郭丽莎 摄）

大定农庄风情（都安县美丽办供图）

从编织厂出来，我们来到农家田园观光带。这里依着地势种植了香蕉、杧果、芋头以及一些花草，再在其中点缀修建了一些木质结构的凉亭。坐在凉亭里，看着眼前的植物和远处的山，清风吹拂，神清气爽，真是“采菊东篱下，悠然见南山。此中有真意，欲辨已忘言”。

大定村是美丽的，然而此前，也曾面临过“金山银山”和“蓝天白云”的争夺。大定村的编织产品源源不断远销美国、英国、日本、澳大利亚等20多个国家。有了产业，家家户户搞编织品出口创汇，收入攀升。但令人头疼的问题也随之而来，大量的包装品垃圾被随地丢弃在路边、田头、村旁、河岸。

“大定以生态产业立村，岂能富了口袋而玷污了美丽乡村！”村党支部通过多次召开村民大会，把保持村屯清洁卫生规定写入村规民约，将清洁卫生责任区域分配到各家各户，垃圾定点收集后统一处理。

有了村规民约，保持本屯本户所负责地段的卫生清洁就变成了自觉行动，久而久之，形成人人都是保洁员、人人都是监督员的长效机制。“既要金山银山，也要蓝天白云”成为大定村人的共识，也成为如今大定村的现实。

在发展旅游过程中，大定村注重保护并合理利用附近的九设河、大定山、敢硝河、地下河天窗等一切有利的景观资源，尊重自然，人为点缀，突出民俗风光；同时建设瑶家瑶楼旅馆、农家田园观光带、编织品展览馆等旅游设施，发展高效农业生态旅游业。

如今走进大定村，幢幢新楼，绵绵青山，汩汩清流，相映成趣。整个大定村，村容整洁、生态宜人。形成了一个集“吃、住、赏、游、购”五位一体的休闲观光现代宜居乡村。■

郭丽莎 / 文

# 赐福湖畔的桃花源

## ——巴马瑶族自治县那桃乡达西屯

巴马长寿村，得益于上天的眷顾，空气好，水质清，“惟仁者寿”。达西屯人远离尘嚣，乐观豁达的心态，对于成日纠结于功名的都市人而言，是一剂良方。

### 赐福湖畔达西屯

达西屯位于广西巴马瑶族自治县那桃乡平林村西北角，距离县城12公里，地处盘阳河下游南岸，与巴马镇赐福湖景区山水相依，一山之隔便是敢烟屯长寿文化源景区。全屯共有36户人家，总人口150人，区域面积约1.5平方公里，处于丘陵和石山交错区，人均耕地面积0.53亩。农作物以玉米、水稻为主，经济作物有木薯、甘蔗等。

达西屯是一个以宗亲聚居的屯落，全屯居民都是李姓汉族人，达西屯李氏祖宗早先从广西南宁市西乡塘儒礼坡迁移而来，至今已二百余年。

达西屯群山环绕，重峦叠嶂，青松翠竹，霜枫映红，清泉喷涌，湖光粼粼，景色迷人。民风淳朴，生活清雅而悠闲自得，晨起听百鸟啾啾，泉水潺潺，傍晚荷锄而归，看倦鸟相与还，恍若世外桃源。

达西屯一角（梁绍恩 摄）

敞开屯门迎八方来客（巴马县美丽办供图）

## 达西风物最迷人

达西屯居民虽是汉族，但在长期居住过程中，与壮族的民风民俗逐渐融合。在年节礼俗、人生礼俗、婚礼礼俗、丧事礼俗等方面，与壮族风俗并无太大的差别。不过，最值得一提的是，在达西屯，也有着一种奇特的习俗——补粮和备棺。

百善孝为先。在巴马民间有这样的传统：为了让老人能安享晚年，在老人到了“耳顺之年”(60岁)，子女们会择选吉日，请族人、朋友用来自百家的米给老人祈寿。补粮可每年补一次，也可三年补一次，或者视健康情况而定。

补粮是一件牵扯着宗族、亲家，甚至全屯人的孝事活动。它既是一种子女孝敬父母的行为，也是一种为老人祈求延寿的愿望。而老人通过补粮，看到子女们为自己的健康长寿所做的努力，在心理上得到积极的安慰，有病不惧怕、无病心欢畅，达到安然养生的目的。

补粮仪式上，子女儿孙们把准备好的粮食、物品放到补粮桌上，请道公把这些献来的米、钱和延寿的意愿信息传渡给受粮者，让其增粮增寿。同时，子女儿孙们都会唱送寿歌祝福老人身体健康、延年益寿。

送寿歌唱道——

对那云来最十努，昙尼送寿介部结；
送寿给爹君给乜，给铁安设千年寿。
给铁寿来君寿代，千年万代否忧愁；
对那云来最十努，昙尼送寿介部结。
寿冷肥告肉彩驾，寿冷边达果肥树；
送寿给爹君给乜，给铁安设千年寿。

这首用壮话唱的送寿歌，翻译成汉语后，大意是——

亲人面前妹开声，今唱送寿给老人；
送寿给娘和给爹，安泰千年不老松。
给他送寿常健在，千年万代不忧心；
亲人面前妹开声，今唱送寿给老人。

寿像高山擎天柱，寿像湖边千年榕；
送寿给娘和给爹，安泰千年不老松。

家中有60岁以上老人的人家，不仅要给老人“补粮”，还要给老人“备棺”。所以，这些人家家中的堂屋或门侧一般都会置放着一副寿方（棺材）。这是家里的儿孙为家中的老人准备的，可以看作是晚辈们对老人尊敬和爱戴的信物，是晚辈们对老人健康长寿的一种祈祷和祝愿。

一般认为，这种备棺习俗有三层含义：一是子女们为老人解除后顾之忧；二是说明老人的子女有孝心，想老人之所想；三是辟邪。在老人们看来，上了年纪以后，就逐渐看淡了生死，只求死后有一副寿方能够栖身长眠。儿孙们为了消除老人的后顾之忧，使其能安享晚年，往往在老人的要求下请棺材木匠来家里制作寿方。老人天天看到为自己置备的寿方，习以为常，会常常忘却生死，逐渐形成了一种豁达、乐观的心境。在这里人们的意识里，寿方是一种吉祥物，寓意“官”和“财”，是一种良好的兆头。把寿方放置家中，毫无阴森、恐怖、不祥的感觉，反而使家人赢得亲朋邻里的尊敬。它可以向人们彰显，这是一个和睦的家庭，长幼有序，子女恪守孝道，家道兴隆，人丁安康。

农家小院（陆荣斌 摄）

达西屯人居住的房屋主要有土木结构的半干栏式建筑和砖混结构的平顶房。不论是哪种形式的建筑，都是依托有坡度的山脚而建，每座民居都力求做到通风，透光，房前屋后种有荔枝、龙眼、枇杷、芭蕉、板栗、番石榴等果树，同时也种有楠竹、凤尾竹等竹子。

达西屯的半干栏式建筑是达西人的祖屋，已有一百多年的历史，清一色的土木结构，墙体是用当地掺杂有微小颗粒的土坡上的土夯筑的，密实坚固，经得起风吹雨打。屋顶的瓦片是达西人自己烧制。这些半干栏式建筑一般都是两层三间式，上层住人，下层圈养牲畜或堆放诸如玉米秸、稻草、农具之类的杂物，中间用厚厚的木板隔绝气味。

半干栏式建筑很好地体现了南方先民的智慧。它们的存在，让居者安乐、平和。

提到巴马人的长寿密码，都会提到火麻这种植物。当地人有句谚语：“天天吃火麻，活到九十八。”火麻在当地人的食谱中是必不可少的。火麻含有大量的微量元素和丰富的不饱和低脂肪酸，人长期食用，对于治疗高血脂、糖尿病等各种疾病都有效果。同时，还可以起到延缓衰老和抗辐射的作用。以火麻为原材料，可以做出美味可口的火麻豆腐、火麻菜汤、火麻粥、火麻油等等。

院门前拴马柱（陆荣斌 摄）

## 桃花源里话今昔

置身达西屯，举目所望，除了晴天或阴天时天空的颜色，我能看到的，只有绿色、蓝色、白色和黄色。绿色的是山峰和树木，蓝色的是湖水，白色和黄色的是充满现代气息的小洋楼和古朴简约的老民居。我能感受到的，也只有静谧、悠闲和自得。

徜徉于洁净平坦的小径，听风吹过树梢，鸟鸣于绿叶中，偶尔，三三两两的游人从身边悄然而过。不知不觉间，我们路过了那些掩映于绿树丛中的半干栏式老民居。在一座老民居的门口前，三个老人正在聊天，我走过去，他们便停住了话头，笑容可掬地望着我们。看见我举起相机对着他们，其中一个较年轻的奶奶说，照吧照吧，帮我们老人家照几张吧！

三人中，这位较年轻的老奶奶今年也已经85岁了。较年长的老爷爷和老奶奶是这家的主人，一个91岁，一个94岁。看上去，身体都还很硬朗，而且非常健谈。我问他们这老房子里是否还住着其他人，老爷爷告诉我，儿孙们都建有新房并搬过去住了，他们舍不得离开老屋，泥瓦房住习惯了，不习惯住那些平顶房。老爷爷继而笑呵呵地问我，你是读过书的人，你知道吃什么药能长寿吗？我笑着说："多锻炼，多吃玉米粥，还要保持乐观豁达的心态。"

湖光山色美如画（陆荣斌 摄）

老爷爷说："你说的这些，这辈子我都是这么过来的，我就是想知道有什么药能让人吃了长寿。"85岁的奶奶解释说，老爷爷想活得更长寿。不要说他，我们也都这样想呢！你看看我们屯子现在这么好，生活过得这么舒适自在。哪像从前，一出门走的都是泥巴路，住的都是老旧的泥房，房前屋后还到处是牛粪，我们老人家出个门走走都怕摔倒。年轻人常年都在外头打工谋生，在家种这点田地哪能填饱肚子。现在好了，屯子里的路都铺上水泥了，也建起了一座座漂亮的平房，屯子里的青壮年劳力都回村里打工挣钱了。

老宅，老人（陆荣斌 摄）

屯子里的青壮年劳力都回村里打工挣钱了！从老奶奶嘴里吐出的这句话透出了多少自豪和满足。是的，达西屯的年轻人不用出远门就能在家门口打工挣钱，这得益于全屯老少集体讨论决定，和达西屯人的祖籍儒礼村的族人一起，紧抓巴马长寿休闲养生旅游风生水起的良机，以屯内优美的生态环境资源为资本，采取"公司＋农户"的模式，以村民集资、招商引资及投工投劳等方式建设儒礼桃花源度假村。

经过认真规划和建设，如今的达西屯环境优美，绿草如茵，大树繁茂，灌木葱茏。平整的小径像植物的枝枝蔓蔓一样，串联起屯子里的每一户人家，每一处景观。通过一个水循环系统保持鲜活水质的水池里阵阵涟漪，建于其上的"族芳亭"和"信步廊"里，有游客在轻声聊天。

山脚下有一个天然溶洞田，和一个喷涌着汩汩清澈泉水的泉眼。

山脚下的天然溶洞又叫螂嬛府洞府。洞内宽敞平展，面积约500平方米。

通过改造，洞厅洁净、清爽、幽静，犹如一处仙界洞府、一个硕大的空调府厅。洞内气温常年保持在19至21摄氏度之间，冬暖夏凉，且溶洞内负氧离子含量颇高。可用于承接会议，举办民族民俗歌舞表演。

屯子前面有一片年年受涝的农田，被改造成一个面积约0.075平方公里的湖泊，接纳屯子西边尜莎泉流出的水，因其形似一朵含苞待放的牡丹花而取名天香湖。天香湖被尜莎泉注满后，水会自动从湖东边地势略低的堤坝流出。由于人为造就的落差，构成了一处可供游人观赏、拍照的小瀑布。天香湖畔建有廊亭楼榭300多平方米，专供游人小憩。湖的东岸是一片高大的枫树林，每当深秋，坐在廊亭楼榭里，观赏湖对岸山坡上红枫树映入水中，绚丽多彩。这时，湖面的景色宛如一朵绽放的牡丹花。春天，湖两岸绿柳成荫，桃花朵朵，亭台水榭，相得益彰。在下雨天，亦可静观雨落天香湖，聆听雨打芭蕉的天籁，享受别样的韵致。

在离小瀑布不远处的山脚下，也有一口喷涌着汩汩清泉的泉眼。那是达西屯人日常饮用水的水源地。群众为了保证泉眼的纯净，特地在泉眼的出口处建起了一个几米见方的方形水池，并围有护栏，还在池子上方搭着一张防晒网，以免周围树木的枯叶落入池中，污染水源。早些年，达西屯人的日常饮用水都是靠肩挑水桶来这股泉眼取水。如今，一根粗大的水管深入池子，连着水泵，为全屯人的日常用水提供了保障。

天香湖溢出的水和泉眼流出的水向东流去。在这之下，建有一个露天泉水游泳场，池水以尜莎泉泉水为水源，泉水清凉舒爽，人在水中游，惬意自在。

达西屯人还依山形地势，建成了养生休闲酒店、养生田园观光区、桃花源怡心餐厅、多功能体育馆、户外养生体验区等。

屯子的面貌焕然一新，全屯群众通过商议，制定清洁卫生公约，落实“门前三包”责任制，建垃圾池，配备人力三轮车和垃圾桶，一起清理陈年垃圾，协助景区保洁员对屯内进行清洁，并定期清运垃圾。全屯群众逐渐养成了干净整洁的卫生习惯。

达西书院（陆荣斌 摄）

达西春来桃花妍（巴马县美丽办供图）

# 做个幸福的达西人

达西屯的春天，桃花盛开，花香阵阵；夏季浓荫蔽日，凉爽宜人；秋季红枫闪耀，色彩斑斓；冬季气候适宜，温暖如春。一年四季景色皆美的达西屯具有得天独厚的人文环境和旅游资源，是避暑纳凉、养生度假的好去处。每年，来达西屯养生度假的外乡人络绎不绝。走在达西屯的小路上，会不时遇见操着不同口音的外乡人。他们悠然自得，尽情感受着达西屯的山光水色，鸟语花香，俨然忘记了自己是一个外乡人。达西屯又叫儒礼桃花源，不是因为种有大片的桃树，而是因为这优雅静谧的环境、气韵和陶渊明笔下的武陵桃花源非常相似。

村中人都说，作为一个达西人，很幸福。■

陆荣斌 / 文

达西亭（梁绍恩 摄）

来
宾

L A I B I N

# 繁花深处的百年古村

## ——武宣县东乡镇下莲塘村

春天找桃花盛开的地方，夏天跟着荷花走，秋天千万朵葵花引路，冬天遍地油菜花开黄艳艳，这就是桂中乡村美丽的宜居之地，这就是下莲塘。

### 油葵绽放日，游人开怀时

武宣人说，下莲塘村很好找，春天找桃花盛开的地方，夏天跟着荷花走，秋天千万朵葵花引路，冬天遍地油菜花开黄艳艳。而下莲塘就在繁花深处。

下莲塘村位于武宣县东乡镇，距武宣县城29公里。下辖3个村民小组，共125户530人。大部分为汉族，全村通行客家方言。

站在高处俯瞰，秋季的下莲塘依旧绿意盎然，村子北依武宣县最高峰——海拔1300.1米的“尾地福”山，东侧靠着“双髻山”。“双髻晴岚”为武宣旧时八景之一，双髻山上的古道则是古时浔州、梧州、柳州三府的陆路交通要道。东南面是大瑶山余脉，山岭连绵。从国家3A级景区百崖大峡谷流出的溪水自北向西南分两股绕村而过，在田野间蓄成片片湖、塘。最大的莲塘湖，水面约30亩。下莲塘村的得名或许就来自莲塘湖。

将军第（张阳彦 摄）

远眺下莲塘（阳崇波 摄）

（张阳彦 摄）

现在是9月底，下莲塘的荷花已经开过，荷塘里田田的荷叶中，枯荷与绿叶错杂一处，一个个莲蓬略显孤傲地站着，虽让人有萧索之感，却不觉破败。种在村边田地里的油葵已经有半米多高，每一棵都挺着身子，在拼命地往上长。村里新建的楼房和古旧的建筑错落有致地散落在一个个大小不一的池塘边。再过大半月，便到了油葵盛开的时节，这里又将是一派“满村尽带黄金甲”的景象 。“朵朵葵花向阳开，如织游人尽开怀”，热闹自是非比寻常。任何时候你都能看到下莲塘的美。

村里有座将军第，又称刘氏将军第，始建于清嘉庆六年（1801），从高祖刘宗楷始居至今已有200多年，繁衍了三、炳、培、德、业、南、阳、长、继等10代人。整个大院占地面积12万平方米，建筑面积2.1万平方米，其建筑风格体现出鲜明的客家围屋特征，呈长方形布局，坐北朝南，九厅十八井格局，分为主、副、人行巷道三位一体统一协调的格式建造，首厅门前设大

刘炳宇庄园（廖燕东 摄）

院，大院中长达20米的拴马墙无声的叙述着屋主曾经的显赫。两侧的房屋与主体的九厅十八井互相通连。共有房屋245间，现存175间，房屋系青砖、青瓦、三合土、石、木混合结构，四周用卵石砌成高4米、底宽2.5米的跑马围墙，围墙四角均筑有岗楼，岗楼比围墙高出一倍多，跑马墙和岗楼均设有瞭望孔和枪眼，属典型的客家方型围楼。具有安营扎寨的特点，故村里人又称之为“莲塘寨”。

院子里有两棵含笑树，含笑属常绿性灌木，生长极为缓慢，院中的两棵含笑，一棵是新种的，另一棵高度近3米，按生长速度来算估计有一百多岁了，见证了大院的兴衰。

北宋诗人黄庭坚曾写过一首《答檀君送含笑花颂》：“檀郎惠我花含笑，借问凝情笑阿谁。一世茫茫走声利，阎公捉定始应知。”黄庭坚年近花甲之时羁馆宜州，最终客死在宜州的南门城楼上。在宜州，黄庭坚留下了数首诗词和一本《宜州乙酉家乘》及书法作品《范滂传》。“家乘”就是今天所说的日记，其中多处记下了他收到含笑花的情景。

闲走大院，细心一点的人就会发现刘氏族人对生活的美好期望。我们是从大院南门进入的，面朝南门的主屋进门处的地面引起了我们的注意。地面上有三个用鹅卵石镶成的图案，各有一米见方，色调冷暖深浅相间，相互映衬而显绮丽。一个是“米”字，想必见到的人会想到一串串丰收的稻穗，闻到田野稻香。另一个是铜钱图案，风水学上说，房屋门前置铜钱寓意聚财聚气。在铜钱四方孔的中间主人又别出心裁地加了一个“十”，变成了钱中有田，钱从田来。还有一个图案为盛放的花，寄托了主人对四季花常开的期望。

下莲塘还有一处古建筑，刘炳宇庄园。刘炳宇生于1869年，为清代“武功将军”刘孟三第八子。幼年时聪明伶俐，清光绪年间考取武举。辛亥革命时，刘炳宇迅速率兵响应，投身革命，民国六年（1917），刘炳宇任广西讨龙军总司令。征讨军阀龙济光获胜后，孙中山特别授予刘炳宇陆军中将军衔、二等文虎勋章。

刘炳宇庄园占地面积达6000多平方米。主楼窄而高的拱形窗，尖而长的高屋顶，一排排、一列列直指天空，明显模仿了西方教堂模式。护卫着宽大主楼的，是同样宽大的中国传统式厢房。左右厢房十分对称，以内廊相连，一侧厢房还架设有“廊桥”与主楼二楼相通。让人颇感新奇的是厢房一侧的墙壁，以大鹅卵石代替青砖垒砌而成，在斜阳照射下，显得古朴、沧桑，且至今仍坚固如初。庄园曾有一段时间做过小学的校园，想必那是庄园最热闹的时候。

## 荷香阵阵，蛙鸣声声

百崖大峡谷带来的溪水，在下莲塘的田野间和村中蓄成片片湖塘。民居房屋大都依塘而建。不少老屋就地取材，用鹅卵石堆砌屋墙、院墙。岁月和风雨在鹅卵石上留下痕迹，但苍茫的水色依旧，厚实坚固仍在。

村中的主干道大都是水泥路面，鹅卵石铺就的小道在村中蜿蜒曲折，串联起各户村民小家。村道旁秋枫、洋紫荆兀自绿着，村民房前屋后的空地上也能见到这两种树。植树种花是生态乡村建设的主要内容，下莲塘整个村基本上是被绿树包围着。村中上百年的古树有20多棵，成片的龙眼林近百亩，绿化真的非常好。种上一些新树种，进村的游客会感到有新意。还真是这样。

“种上点新树，村里看上去又有了新的味道。”一名同行的村民如是说。不仅种秋枫、洋紫荆，村中的池塘旁还种上了柳树。武宣县林业局还帮忙在进村4公里长的公路两旁种植了桃树。每年春天进下莲塘，未进村就已经能享受“春风桃花十里路”了。

面积近达30亩的莲塘湖就在将军第旁，湖边除了东面有一小块农田，环绕着湖的都是树。新植的柳树和百年古榕在清澈的水塘里倒映成趣。莲塘湖正在整修，为即将到来的下莲塘“金葵花节”梳妆打扮。绕湖而行，发现塘的西北边有一股水流注入，那应该就是出自百崖大峡谷的溪水吧。流动的水质能给人带来灵秀之感。夏季，接天莲叶无穷碧，鱼戏莲叶间，鱼戏莲叶东，鱼戏莲叶西，荷花蜻蜓飞舞也定是下莲塘夏季最美的风景。荷香阵阵，蛙鸣声声，从远方赶来的人们，面对下莲塘万亩田园的清雅氛围，把都市的喧嚣过滤得一干二净。

水是下莲塘的魂，“村里的池塘那么多，人也不少，生活污水怎么处理?”村支书说，我们村建有污水处理厂啊。这让我大感意外，污水处理厂一般是城里才有，下莲塘这个小村子竟然建有？还真有。下莲塘“污水处理中心”坐落于村庄东部的一处田园边上。是一座小型“污水处理中心”——这是武宣县唯一的村级污水处理厂。村民的生活污水经过已经硬化的水渠直达这里，然后经过一系列的污水处理工序，最后排出。排出来的水，水质达到了《城镇污水处理厂污染物排放标准》的一级B类。亲眼所见，我不得不对武宣县在乡村清洁工作的大手笔点赞。水洁清了，流淌在荷塘中的水才是清的，浇灌在春桃夏荷秋葵油菜上的水才是干净的。

走出村子，我再次站在下莲塘的田野上。近处是荷塘，远处是成片正在蓬勃生长的油葵，远处的远处是那片桃花林，再远处则是下莲塘高耸的门楼。

荷塘是一个村庄水系改造中的重要一环，是村庄生活污水最终分解消化的地方，这原是中国乡村污水循环最传统的方式。古老中国的建筑中，房前屋后往往都会置一张池塘，种荷或是养鱼，兼而有之也行。在下莲塘的古屋旧居中这样的模式就有反映。将军第旁的莲塘湖，刘炳宇庄园前宽大的荷塘。池中荷塘构成“荷风四面”的画意，进而升华出“出淤泥而不染，濯清涟而不妖”的高尚意境。表达出房屋主人的理想和追求。下莲塘的池塘和湖如此之多，实在是我没有想到的。可以想见，荷花遍植，溪水流畅的旧日的村庄，

莲塘湖景象（廖燕东 摄）

莲塘秀色（莫理荣 摄）

葵花盛开下莲塘（廖燕东 摄）

一定是美的。今天，下莲塘的人们通过乡村清洁使荷塘更美，村道更干净，村容更整洁。

干净的村庄，才是美丽的宜居之地。

走过莲塘村的门楼。回头望田野上的村庄。有老屋新楼，老树新花，水车吱吱哑哑的唱。风吹，带来泥土清香；雨落，捎来河流的气息。人们在田野上劳动，孩子们在溪流中玩耍。村庄中的人们怡然自得，游人流连忘返。春有桃，夏有荷，秋有葵花，冬天金黄的油菜花开到村边上。这是我理想中的村庄，这就是下莲塘。■

阳崇波 / 文

# 白石印象

## ——象州县寺村镇大井村白石屯

白石屯注重名人效应，看重教书育人，紧扣“生态立屯、经济强屯、文化兴屯、旅游富屯”十六字方针，村屯新貌已初步显现。

### 小村里走出两粤宗师

白石屯山上出产一种重晶石矿，因为采矿破坏生态，已经停产。重晶石，当地话叫“白石”，这或许是这个走出两粤宗师郑小谷的小村得名的由来。走过白石屯巍峨的门楼后，就走在了硬化后的村道上。村头的麻栎树枝繁叶茂，露出地面的条条树根如游龙盘旋在树的根部。

白石屯是象州县重点打造的旅游文化名村，屯中的文化广场占地28亩，文化楼、文艺舞台及灯光篮球场等设施齐全，还有种上草皮和600多株桃李树的休闲带，一时之间竟像是到了城市公园。引人注目的是广场边上的郑献甫诗（词）墙，诗墙高约2米，长20米，墙上书写有白石屯名人郑献甫的诗词逾30首。

郑献甫（1801—1872），别名小谷，道光十五年（1835），郑小谷中第21

远眺白石屯（象州县乡村办供图）

名进士。到刑部任职，主事云南、江苏清吏司。随后两年，郑小谷先是因父亲病重告假南归，此后父母相继离世。道光十八年，郑小谷以迭遭家难呈请辞官，满打满算，他只做了14个月的京官。郑小谷辞官之后，开始著书立学教书育人的生涯。从此朝廷少了一个官吏，世上却多了一个教育家。

郑小谷教书育人30多年，一直在两广从事教学。先后在象州、宜州、柳州、桂林及广州、顺德等地的书院里任主讲，用经世致用的思想教育培养了一大批人才，成了在岭南教育界很有影响的人物。1935年出版的《广西一览》中有载："郑献甫历任广州、桂林各书院，为两粤宗师。"

除了教书、著述，郑小谷还主修了《象州志》，志书记述风格简洁、典雅、有序、实用，被后人誉为方志的佳作，该志书为历史上尚简派志书中的佼佼者。

郑小谷故居的门头上写着"比部第"三字，"比部"是官名，属刑部，掌管稽核簿籍，类似今天的审计人员。这是郑小谷在京为官时的职务。

白石屯人多为郑氏后裔，乡人除了膺服于他丰富的学识和投身教育的嘉言懿行外，更看重他为乡人谋利益的行为。郑小谷在年届七十之时赋闲回到白石，不断听到邻人乡亲反映多年战乱之后，农田易主频繁，田额与派粮不符，结果让奸猾之人钻了空子，造成舞弊和勒索，导致纠纷和诉讼频发。他不顾年事已高，力劝时任象州州牧的李世椿进行全州范围的田赋清理，并身体力行，带领族人协助李世椿历时三个月完成“以粮系田，以田系村、系里”的田赋清理工作。此后，象州农民无失契之田，官府无空头数据；农民定限以完粮，官府无差催之苦；上下皆大欢喜。可见为百姓谋利益，帮百姓做事的人，无论世道如何变，百姓都会把他记在心中。

郑小谷故居后门是村中小巷。白石村中共有13条小巷道，与村外的环村水泥路相连。现在都做了硬化，水泥路面通到各家各户门前，村民出行比以前方便很多。“没有治理之前，走在村里的道路上，晴天一身灰雨天一身泥，十分不便，现在水泥路修到家门口，以往日常必备的胶鞋，现在换成了皮鞋，再也不用为雨天出行担心。”

郑献甫诗墙（象州县乡村办供图）

郑小谷故居（象州县乡村办供图）

## 小谷故里气象新

白石文化广场前的葡萄园里，村民郑枝正在忙活。他说，以前村里破破烂烂，广场这块地原来是一个大水塘，是集体用地。因为是公共用地，很多村民把生活垃圾倒在水塘边，久而久之便成了垃圾场，臭气冲天，还污染到一旁的小河，村民洗衣服都成问题。

后来，村里有人得知寺村镇有一个灯光篮球场项目在选址，十多名主事村民经过商量，决定马上去申请，把村前这一片水塘作为篮球场项目建设用地。

县里和镇里的干部得知白石屯要求建设篮球场，且积极性很高，便把文艺舞台、科技文化综合楼以及小谷广场等项目都集中投在白石屯，作为社会主义新农村建设试点村统一规划、集中建设。听说这么多项目落在村里，村民们受到极大鼓舞，纷纷无偿让出土地，没有田地在村前的村民，则每户让出一分地给那些土地被大量划作项目用地的村民。最终，在白石屯村前一带，划出了28亩土地用于文化综合广场建设。

村民和睦、团结同心，不为己私、与邻为善，是一个村庄幸福指数的体现。看着眼前的民族文化综合楼、文艺舞台、灯光篮球场、种满睡莲的池塘以及池塘边木质框架青瓦盖顶的长廊，怎不令白石人陶醉，让外地人羡慕。

在村里，我们还听到了不少故事。2013年5月，桂林医学院驻白石工作队入驻该村，工作队调查后发现，村民常常会由于不卫生的习惯引发一些健康小疾病，于是开始给村民讲解养成良好卫生习惯后的好处，结合国内外报道的“癌症村”等新闻，告诉村民“清洁乡村”的重要性。队员们把家家户户几乎都跑了个遍，还采用开夜会的方式进行“环境与健康”知识讲座和健康防病知识的宣传。通过工作队的努力，村民懂得了乡村清洁与自身健康的联系，从那以后，村民们主动把村前村后打扫干净。小朋友吃完糖，都会自觉地把糖纸扔到垃圾桶里。

白石屯一位离乡十年重回故里的女士，得知村里开展“清洁乡村”活动缺少垃圾桶，立即就给村里赠送了20个垃圾桶、10个垃圾篓和20张小凳子。当记者闻讯赶到现场要拍照时，女士谢绝了，她说，以前自己有困难的时候，得到乡亲们的帮助不少，现在自己只是想尽一点心意回报大家。

穿过广场，一个竖着“青年文明小庭院”牌子的院落引起了我好奇。院子围着栅栏，院中植树种草，铺着鹅卵石的小道连着干净整洁的两层小楼，和城里的花园小洋房别无二致。这是象州团县委在2013年组织开展“清洁乡村青年当先——创建青年生态示范村”中的一项活动，“青年文明小庭院”的建设标准定为“五个一”，即有一个切实可行的经济发展规划、有一个持续稳

白石文化广场（阳崇波 摄）

定的增收致富项目、有一个和睦融洽的和谐家庭关系、有一个优美整洁的家庭居住环境、有一个健康浓厚的家庭文化氛围。

告别小院的主人，我们继续在村巷漫步。干净的巷道连接着各家各户，村中的松树林清幽宁静，鸟鸣其间。巷道旁有新建的二层小楼，也有泥墙或是青砖黑瓦的老房。老房门上的锁和安静的院落显示房中早无人居住，门前的道路却干干净净。高主任说，按清洁乡村的村规民约，各家门前三包，村里的13条巷子由13个村民负责环境卫生。这些村民既是保洁员也是监督员还是化解员，平时哪家哪户闹个矛盾什么的，他们都会及时上门调解。

村容整洁了，村里的垃圾运到距离白石屯五六公里的象州县生活垃圾寺村无害化处理中心处理。无害化处理采用先进的高温碳化处理技术，垃圾在高温缺氧的状态下热解，无烟无火无臭，处理时不烧煤不烧油，不需要对垃圾进行分选。而且，垃圾经热解处理生成的灰渣用途广泛，可用于园林绿化肥、水泥原料和铺路制砖。“吃进去的是垃圾，吐出来的可是宝贝。”

2014年，随着“美丽乡村·生态乡村”建设活动的启动，交通便利、生态环境较好、乡土氛围浓郁的白石村成为象州县生态旅游乡村建设的示范村，白石屯依托名人郑小谷，以郑小谷“劝学”、“勤学”、“著学”为线索组织广

青年文明小庭院（阳崇波 摄）

勤学亭（阳崇波 摄）

劝学壁（阳崇波 摄）

场空间系列景观和文化展示，通过“诗卷”、“诗廊”、“诗林”等多种形式重点突出郑小谷“诗”文化，营造出诗意浓浓的文化休闲广场。此外，还建了6个特色休闲农庄，吸引游客前来休闲观光。如今的白石屯全村风貌焕然一新。一个村容整洁、造型漂亮、富有文化底蕴的生态旅游新农村已经初步显现。

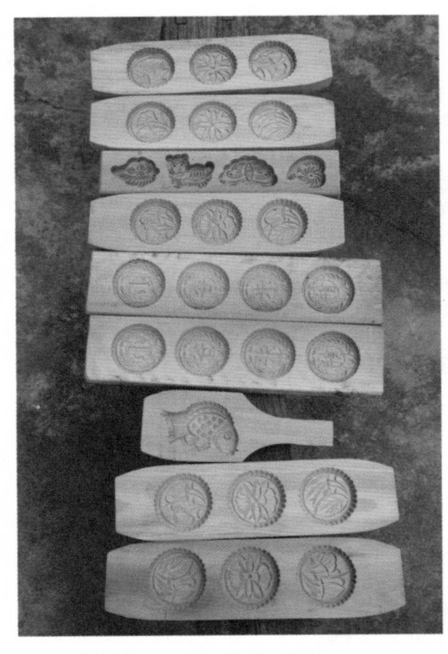
小谷米饼饼印（阳崇波 摄）

## 飘香的小谷米饼

象州米饼久有名气，其中又以白石村的小谷米饼最为有名，也最好吃。“小谷宗师翰墨香，八方游客竞寻芳，来到故居白石村呀，小谷米饼糯又香。”白石村民随口唱出的山歌说出了白石小谷米饼的特点，“糯”，指其柔软有韧性；“香”，指其味甜且保留了米的清香气。

小谷米饼为何让人尝过而不忘？在村民郑梢家里我见到小谷米饼的饼印，并了解到，小谷米饼的制作要经

小谷米饼香又甜（象州县乡村办提供）

池边嬉戏的孩童（阳崇波 摄）

过选料（选米）、淘米、炒米、碾粉、润粉、搓粉、印饼、蒸饼等工序。

选料很关键，象州素有“桂中粮仓”之称，而最好的米又产自寺村，小谷米饼选用的是第二造的寺村糯米。用这样的优质糯米加上芝麻和桂花做成的馅料而做成的小谷米饼，色香味俱佳。小谷米饼以圆形为主，取团圆之意，寄托了人们对美好生活的追求；还有小鱼形，鱼，谐音余，寓意年年有余。其已成为年节时招待客人，走亲访友最好的点心和礼物。

白石屯的小谷米饼历史悠久，53岁的村民郑学征家中有一对松果样式花纹的古老饼印，是从他爷爷的手中传下来的。相传当年郑小谷屡试不中，便是因为没有带上家乡的米饼，最后一次，他带着米饼进京赶考，终于高中。小谷先生进京赴考的行囊中是否带着米饼呢？我相信是有的。小谷米饼饿时解饥，饱时解馋。对于一个离乡千里的游子来说，小谷米饼不但是家乡产的点心，更是一慰乡愁的那轮明月。

过去，白石人都是在除夕前才打米饼，一家人围坐在炉火旁一边聊家常，一边打米饼，其乐融融，情意绵绵。如今，原生态制作的白石小谷米饼已经被列入象州县的非物质文化遗产，随着小谷米饼名气的不断扩大，打米饼已不再是除夕或重大节日才进行。白石屯人把小谷米饼推向市场，成立了米饼协会。屯里85户人家，家家都成了加工制作米饼的作坊，米饼成了白石屯村民增收致富的一个渠道。

走出村巷，我们又一次经过村前的文化广场。广场上几个孩子自在地玩耍，老人在池塘边的长廊上悠闲地坐着。广场前面是连片的葡萄园，远处的山坡上树木清幽。曾经漂满垃圾的河水清澈洁净，有妇人正在河边砌好的水池中洗衣，几个孩子在池边嬉戏、捞鱼，绿油油的稻田铺展向远方，好一幅田园生态美景！ ■

阳崇波 / 文

# 崇左

C H O N G Z U O

# 泉水叮咚的幸福小村

## ——凭祥市夏石镇新鸣村板小屯

板小屯通过发展生产，增加村民收入，进而启发村民自觉保护环境，守护家园，给“美丽南方、清洁乡村”的概念注入了新的活力。

### 抓修路架桥，改村容村貌

出了市区，沿着322国道一直往北，在离开凭祥市区16公里后，车子拐进了一条乡村道路，穿过南宁至友谊关高速公路下的桥隧，不过百米却别有洞天。道路两旁是连片的果园和尚未砍运的甘蔗。果园中种植着火龙果、大青枣、桑葚，火龙果，桑葚刚采摘过，大青枣则要等到元旦前后，现在是9月，枣树上小小的枣花，状如满天星。在路边果树和甘蔗的绿色衬托下黑亮的柏油路，显得温暖而柔情。这片果园都是板小屯开发种植的。看着满岭满坡的果园，还未到板小，我已经看到了它的美丽。等看到板小屯高大雄伟的门楼时，我更相信这个位于凭祥市东北部，属凭祥市夏石镇新鸣村管辖的小村落一定有着一段精彩的故事。

板小屯位于凭祥市东北部，距中越边境线10公里。2007年，板小被列为

板小屯一瞥（凭祥市乡村办供图）

广西军区“社会主义新农村军民共建示范点”，获得“自治区卫生村”荣誉称号；2011年获得凭祥市青年生态示范村；2012年被评为自治区生态文明村、自治区和谐邻里、自治区和谐村屯，崇左市“千屯组织规范化建设”示范点；2013年获得农业部美丽乡村创建试点称号；2014年获得“中国少数民族特色村寨”，自治区“2013—2014清洁乡村·百佳村屯”，凭祥市“美丽村庄”等荣誉称号；2015年被评为“广西森林村庄”。

绿意掩映的山岭环抱着板小屯，绕村而过的板灵河水流潺潺。板，在当地壮话里是村子、村庄的意思。壮语使用上有类似汉语倒装的习惯，板小，实为小板，即小村子。板小当初还有另一个称呼叫“板水”，也就是水村。据说村里共有50多眼泉水，故而得名。当然，这个名字在今天已经没有多少人记得了。不过，清清的泉水还在流淌，板小也因为叮咚的泉水而名声在外。

走进板小，一阵清新的气息扑面而来，葱茏的树木，干净整洁的村道，一幢幢有着壮家风格的小楼掩映在树木中。环顾四周，满眼都是绿色。远处的山岭是我们进村路上经过的果园，近处则是一棵棵龙眼树。龙眼树我是见过的，小时候，家中的后院就种有一棵。但如此多的龙眼树聚在一起成了树林，我却没有见过，更何况它们就生长在一个村子里，而且树旁、树下就是村民的住房，是村道。行走在村里，就像漫步在树林中，这样的感觉怕只能在板小体会得到。仔细看，不少树上都编有号码。村民说，这是古树保护铭牌，村里给100多棵上百年的树都编了号，加以保护。

这么多的树，每天落下的叶子一定不少，可村道上干干净净。似乎是为了解答我的疑惑。不远处的路口分岔处，三个正在打扫卫生的妇女引起了我的注意。走近了，才发现她们都上了年纪。一问才知道，她们三人是村里的保洁员，年纪都在60岁上下了。一个阿姨说，她们主要负责村里道路的清扫，每天上午把清扫的垃圾归整到屯里的垃圾箱，再由镇上的垃圾清运车把垃圾拉走处理。平日里也在村里巡视，见到垃圾随时清扫。各户村民则负责家门口的卫生，垃圾归放在自家门前的垃圾箱。问她们累不累，三个阿姨异口同声地说，怎么不累，不过道路干净自己心情也爽，何况现在村民自觉，乱丢乱扔的少了，为村里做保洁就当作锻炼身体吧。话一出口，大家都笑了。

沿着村道继续往前走，阳光透过树叶在我们身上留下斑驳的光影，白墙蓝顶的民房泛出浅浅的暖意。村民或在自家门口忙着活计，或悠闲地享受着

正在清扫道路的板小屯保洁员（阳崇波 摄）

初秋的时光。

板小屯里聚居着92户共计420位壮族同胞。过去村民的主要收入就靠种田种地和外出打工，收入不高，也不稳定。2000年，全屯群众自发投入资金37万元，利用天然的泉水资源，建起游泳池，吸引了大量游客来村里游泳消夏，看着众多到来的游客，村民又办起了农家餐馆、旅馆，自助烧烤。几年来，村民的收入都有了不小的增长。

板小屯村道（阳崇波 摄）

过去的板小屯，房屋低矮，黄泥捹的墙年久失修，暴雨来时村民常担心墙垮房塌。在建设部门的统一规划下，板小屯群众拆除了旧的土砖房，盖起了水泥楼房。并统一进行外墙立面装修。白墙蓝顶的房子点缀在青山绿水间，和村中绿树相互辉映。村中的道路进行了硬化、亮化，装上了路灯，沿路摆放上果皮箱。垃圾由村保洁员收集后集中到垃圾箱堆放。家门前有垃圾箱，村路上有果皮箱，村民改变了乱堆乱放，乱扔垃圾的习惯。村容村貌得到彻底改观。

## 干净整洁，充满活力

板小村的房子按照统一规划设计，建成两层半小楼，白墙蓝瓦，墙面上装饰着牛头和铜鼓图案，体现出浓郁的壮族特色。

村民张崇富老人已经92岁，是村里年纪最长的人。老人年轻时参加过游击队。1940年时，他离开板小，加入抗日的队伍，随部队转战南北。1945年，抗战胜利后，老人离开部队回到了家乡。除了战争时被炮弹震聋了右耳，精神矍铄的老人眼睛不花，口齿清楚。他至今仍珍藏着缴获的一把日本兵的刺刀，回忆起抗战经历，老人的自豪洋溢在脸上。说到板小，老人说以前的板小人少，就十几户人家，房子低矮，都是茅草屋。后来房子变成了瓦房还是低矮，人多了，卫生也差了。垃圾丢得到处是，死的家禽家畜都往水塘和板灵河里丢。村中道路凹凸不平，晴天牛粪鸡屎遍地，雨天牲畜粪便和泥水混合后，到处泥泞几无下脚之处。村民们守着自家的田地解决了温饱，却无法富裕。年轻人只好纷纷外出打工，挣到了钱却不愿回家。

再看现在的板小屯，道路平坦，垃圾进箱，空气也好了。过去是村上的人往城里跑，现在是城里的人往村上跑了。老人说，天气晴好的日子他经常在村里散步，也会到镇上、街上走走，不过，他更喜欢现在这个干净整洁、充满活力的板小。

板小屯利用“美丽广西·清洁乡村”活动的契机，开发旅游资源，大力发展农家乐，成了城里人的“周末度假村”。板小的生态采摘园里种上了台湾大青枣、四月红桃果树、桑葚、柑果，2015年元旦采摘园正式开园时，500多人进园采摘，分享丰收的喜悦，汇聚欢乐的海洋。乡村清洁使板小成了生态旅游区，依靠板小的良好生态环境，生态采摘园建设才会成功，在板小，绿水青山就是金山银山。

民族生态采摘园（阳崇波 摄）

板小屯风光（阳崇波 摄）

## 生态旅游，得天独厚

一户村民家菜园的竹篱笆外，一树高大的仙人掌缀满了淡黄色的小花。在这样整洁、安静的村庄中，一下子就让人感受到了田园的气息。村道旁几只狗儿各自趴在自家的屋檐下眯缝着眼。在这样的静谧中，一条小溪从村道旁潺潺流过，水质清澈见底，掬起一捧，凉意顿生。这就是游泳池泉眼流下来的山泉水，用这山泉水养出的鱼，肉质甜美、鲜嫩，而且没有泥腥味，吃过的人没有不说好的。

板小的水资源丰富，有五个山泉常年冒水，水质也好，守着那么好的资源不开发，是捧着金饭碗讨饭吃。2000年，村民们筹集了十多万元资金建设游泳池，并对周围环境进行了绿化、美化、亮化，还修通了一条长数公里、连接322国道的水泥公路。游泳池建成后，当年门票收入就有19万元。游泳池有了收益，村民们想得更长远了。几年前，游泳池改为承包制，不再收门票，在游泳池附近配套建设了6家小餐馆和几家小卖部，同时出售泳衣、泳具，还有烧烤场、停车场，仅2013年的“五一”黄金周，全屯每天就有6万多元的收入。

穿过广场、穿过连排建起的住房。在一些村民家门口，不时可发现星级清洁乡村“示范户”的标志。“示范户”、“五星户”每月一评，村民只要遵纪守法，爱护公物，关心集体，扶贫帮困，礼貌待人，邻里团结，就能评选上。奖品都是洗衣粉、沐浴露等小奖品，但在唤起村民清洁意识、爱清洁、爱护一草一木、培养卫生习惯上还是起到了很好的作用。村民们参评也不是为了那些小奖品，而是为了得到一份荣誉。鸟爱羽毛，人重名声。朴实的村民都想成为乡村清洁的模范，都愿意为自己的村庄做出贡献。村庄美丽、小家美丽，才是真正的乡村美丽。

走不到十分钟，便看到了树木掩映中的山泉游泳池。天气转凉，显然已经不是游泳的季节了。又不是周末，泳池里没人游泳嬉戏，水波不兴，清澈的水倒映出蓝天白云和四周葱茏的树木。成人和儿童大小两个游泳池，1200多平方米的游泳区域，让人可以想见暑期这里的热闹时光。现在都静下来，除了听到汩汩的流水声和婉转的鸟鸣。泉水出口处就在一块大岩石下，泉眼处建起的凉亭和围起的栅栏阻挡了我一探究竟的愿望。这样也好，保护好泉眼，就保护好了清洁的水源。随着游客越来越多，村民们也在考虑要不要扩

板小屯游泳池（庞立坚 摄）

板小屯民族大舞台（凭祥市乡村办供图）

大游泳池。不过，是否扩大游泳池，村民更多考虑的是符不符合生态环境。保护好泳池的生态，建设生态乡村，在今天已经是板小村民的共识。

游泳池所在的区域一样是满目的绿色植物，芭蕉、毛竹、榕树、枇杷都保持着自然生长的状态，移植的黄花梨、椰树、罗汉松和周边环境相得益彰。更让我惊奇的是距离泳池不远，竟然有家名为“很久以前”的主题餐厅，掩映在树木深处，不显山不露水。石头堆砌的院墙，院内散置着石磨、打谷机，红砖建成的厅堂，未做粉刷的砖墙上挂着五六十年代的老照片和黄黄的老玉米。一切都契合“很久以前”的主题，有着浓浓的怀旧意味。餐桌上的白餐布、红酒杯、精致的粗瓷碗碟，又显出了餐厅的时尚与雅致。餐厅的投资是外来的，但餐厅的十多名工作人员无一例外都来自板小屯。如今，村里的年轻人不用去外面打工，在板小就能就业。

村庄里流传着这样一个故事，说板小一位年轻的小伙子毕业后就去广东打工，期间几年都没有回过家。后来，父母苦口婆心让他回家看看新村的发展，再决定是否继续外出打工。他怀着半信半疑的心情回到老家，立即被村里的发展给震惊了。决定安心在家谋发展，在农村创出一片属于自己的天地。

村庄里的主题餐厅（阳崇波 摄）

板小屯一角（庞立坚 摄）

在板小，我一直想知道这个小伙子是谁。置身山清水秀，鸟语花香的板小，看着一幢幢整齐划一的小洋楼，一条条干净整洁的村道，我想我不需要寻找答案了。如果我是板小的年轻人，我也会回到我的板小来。

## 衣食足，知荣辱

泉水叮咚为板小屯带来了财富，美丽乡村、清洁乡村为板小带来了人居环境的改善。都说农村工作难做，板小的乡村清洁做得这么好，他们到底用了什么办法，这是我最想知道的。

有人说关键是投入。像板小屯的建设，政府就投入了近千万元搞基础设施建设，用于道路硬化、屯内绿化、路灯亮化、排水排污和风貌改造等项目，使板小屯的村容村貌得到巨大改变。在开展乡村清洁的具体工作中，板小屯还推出了一些创新举措。

古人说，仓廪实而知礼节，衣食足而知荣辱。粮仓充实、衣食饱暖，荣辱的观念才有条件深入人心，老百姓也才能自发、自觉、普遍地注重礼节、崇尚礼仪。有人在总结乡村清洁活动时说："富则思洁，富才思美。经济的发展，群众收入的提高，都为清洁乡村活动提供了强力的支撑。"板小屯的经验告诉我，我们可以先改善环境，让美丽的环境改变人的意识；财富的创造不能以牺牲生态为代价，良好的生态能创造出财富。

问到清洁乡村、美丽乡村建设给板小和自己带来怎样的变化，每一个板小人和到过板小的人都有自己的答案。

欧品音是屯里第一批卫生"五星户"。他家开了小卖部"水乡冷饮"，生意最好的6月份，一天营业额超过1000元。欧品音说："我的店就开在去泳池的路旁。以前客人来板小屯，都是直奔泳池，游完泳就回去。托'清洁乡村'的福，村里变漂亮了，客人都喜欢走走看看，使我的小卖部也旺了起来。"

92岁的张崇富老人说："政府投入搞乡村清洁，使我们村大变样，以前是我们村的人往街上跑，往城里跑，去街上玩。现在是街上人，城里人往我们村里跑，到村里玩。"

夏石镇宣委莫红梅说："清洁乡村让板小屯的生态旅游得到发展，得到提升，婆媳矛盾没有了，邻里纠纷少了，不文明的现象少了。”

新鸣村委副主任、板小村民组长张子尚说：“生产发展了，生活宽裕了，环境变好了，乡风也越来越文明了，身居边关，我们板小屯人倍感自豪！”

到板小采访的记者说，今天的板小屯呈现出“三多”：一是外地慕名来的游客多了；二是团队游客多了；三是凭祥的土特产都汇聚进来，可向游客提供的东西多了。与此相对应的是，村民的人均年收入有望比去年增加1100多元，村民们尝到了清洁乡村的甜头。

清洁乡村不但使板小变得洁净、美丽，也使板小人更文明、更开放。清洁乡村改善了人居环境，同时提升了人的环境意识、生态意识。这可能才是清洁乡村的最终目的。 ■

阳崇波 / 文

# 附录

F U L U

# 燃情岁月知青城

刘啸军 吴再丽 / 文　邓 华 / 摄

洛崖承载着许多人心中最难以磨灭的记忆。

二十世纪六七十年代，来自柳州和广西各地的知识青年来到这里。在那个特殊的年代，那些只有十五六岁的年轻人经历了艰苦的生活条件和艰辛的劳动生产所带来的心灵洗礼。

当理想与现实产生了巨大落差，从城市里来的知青们痛苦、犹豫和彷徨，但也正因为经历过这场身体与心灵的"洗礼"，他们从磨难与痛苦中汲取到了更多更丰富的养分，在往后的岁月中增强了战胜艰难困苦的意志和力量。

当年的知青如今已成为了村里的带头人，按照县里"三产引领，产业互动，建设和谐、美丽、幸福社区，打造中国知青第一城"的发展思路，以能

小广场上的孩子

知青城航拍

居民现在休闲的生活

吃苦、不怕拼的精神带领村民勤劳致富搞建设，改变村庄面貌，翻开了“知青城”文化旅游开发的新篇章。

幽巷石阶，古榕码头，温润青石，奇崖断壁……在知青城的建设中，就连最细微的美都受到了尊重。原样保留了村落千百年来形成的布局，结合村里的自然景色“镶嵌”知青旅馆、知青博物馆等复古建筑，在做旧的斑驳墙面上，镌刻下一幅幅让人振奋的宣传画，在知青文化广场，一幅幅老照片凝固了岁月的痕迹。

“百年码头”、“知青街”、“知青博物馆”、“知青广场”、“知青民居”等复旧改造项目，昔日的垦荒之地呈现出别具特色的“知青景观”。

当洛崖被赋予了“城”之内涵，成为开放式创意公园、休闲景区时，村民们的文明、卫生意识也不断提升。自发修缮码头，栽种树木花草，安置石椅石桌，美化村中环境。2014年，洛崖成为国家4A级景区，平均每月接待游客近万人，成为柳州市及周边省、市的知青欢聚地和游客假日休闲的重要目

赶牛车的村民

走马忆往昔与生活现在时

的地。

白天的洛崖，树荫浓郁，翠竹森森，波影荡漾，错落有致的老房子承载着岁月的淡然与娴静；从巷中延伸至码头的长条青石板路宛如琴键，弹奏着燃情岁月的音符；人们安居乐业，勾勒出一幅人与自然和谐相处的田园画卷。

夜晚，热爱文艺的村民自发组成的文艺队，在知青文化广场唱山歌，演彩调，以浓厚的文艺底蕴为“土壤”，培育出讲文明、懂礼节、和谐友好的村风村貌之花。平淡的农村生活仿佛变成了一首首欢歌，置身其中，仿佛又回到那段激情燃烧的知青岁月。

借助于旅游产业的发展，村干部带领村民发展知青文化产品开发与经营，开辟农耕体验区、开发特色养殖业、大学生创业园等，洛崖的村级集体经济不断壮大发展，走出了一条社区社会事务管理科学化、民主化、规范化的路子。

初秋的洛崖，街道干净整洁，花圃绿意盎然，老人安详，孩童嬉闹，田间地头，生机盎然，沉甸甸的葡萄架下硕果累累，散发出淡淡的清香。

随着历史变迁与时间积淀，知青情结已经演绎成的一种文化、一个推手，在勤劳与智慧的打磨下，使洛崖村成为了一个充满着激情和奋发、文明和安适的社会主义新田园。 ■

# 希望的田野碧连天

龚继海 董明 / 文　邓 华 / 摄

“双季莲藕”之乡——柳江县百朋镇怀洪村下伦屯距离柳州市24公里，每年的夏荷季节走在村里，“千里藕田清香远，万亩荷海碧连天”的乡村画卷令人心旷神怡。“接天莲叶无穷碧，映日荷花别样红”，秀美的风光，盎然的生机，演绎着人与自然的和谐。

每年五六月份，百朋镇的莲藕进入收获季节。为了保鲜，凌晨时分，村民就开始下田挖藕。收购莲藕的客商等候在荷塘边，刚刚挖出来的新鲜莲藕

下伦屯荷塘月色示范区

玉藕洗净，才能发货

清洗干净后，装车发向全国各地市场。

怀洪村种植莲藕的历史已有近三十年，52岁的覃统妹是村里最早种莲藕的，二十世纪九十年代，覃统妹将稻田改为了荷田。覃统妹算过一笔账："那时一斤米两毛钱，一斤藕五毛钱，一亩田种稻谷可收获700斤，种莲藕能收获2000斤，会算术的，哪个不种莲藕?"

看到种藕的效益，各级政府积极引导，怀洪村形成了莲藕产业规模，并摸索出双季莲藕种植方法。怀洪村的莲藕嫩白如玉、清甜脆口，被中国绿色食品发展中心认证为绿色A+级食品，创出了"百朋玉藕"品牌。

除了品质好，"百朋玉藕"的收获时间比长江流域莲藕提前一个月。"在8月份湖北和湖南莲藕上市前，柳江莲藕在出口市场上占有绝对优势。"百朋镇白玉莲藕农业合作社的覃顺周说。覃顺周1996年开始收购莲藕，是怀洪村最早从事莲藕外销的经纪人之一，他的客户大多来自东南亚和日本、美国。尤其是近年来，东南亚市场上90%的春季莲藕来自柳江县百朋镇，柳江县百朋镇的经纪人掌握着东南亚春藕价格的话语权。

好山好水和优美风光是大自然的恩赐，兴旺发达的绿色产业和生态环境则是百朋镇村人民勇于探索、辛勤劳动的成果。产业发展与生态环保同步的观念，在怀洪村产生了显著的生态效益。推广生态栽培技术，对废弃物集中还田作肥进行无害化处理，利用天然泉水或无污染的水库水灌浇，采取秸秆（稻草、藕叶、藕秆）还田等增施有机肥生产措施，培育出品质卓越的"百朋玉藕"。山水风光与万亩荷田相结合，再配以整洁的卫生环境，良好的生态不仅给农业产业大大"加分"，而且赋予"荷塘月色"高品质的乡村旅游资源，

柳江百朋下伦屯荷海航拍

打开了产业发展新天地。

登上怀洪村下伦屯的山坡（如果山有名字更好，直接写登上下伦屯的某某山），万亩荷田跃然眼前，阡陌纵横间，农民忙着挖藕运藕，游客流连于荷海花影间。当地以万亩连片莲藕原生态农业旅游资源为依托，开发了万亩莲藕原生态农业观光区、观赏莲、楼台山、西口坳田园风光、酒壶山、覃连芳将军故居、生态竹林、盘崖古榕、古民居等多个旅游景点。连续几年举办荷花节、玉藕节，每年荷花节接待游客都在40万人次以上，带动旅游收入500万元以上。

“今年5月以来，平均一天有十桌客人，而整个屯有四五十桌，收入比以前在外打工好多了。”覃兆板是怀洪村下伦屯的村民，也是该屯荷花农庄的老板，“生意一年比一年好，那是因为这里的荷田风光越来越出名，村里的环境和卫生越来越好，村民的素质越来越高。”

在产业布局形成特色的基础上，“荷塘月色”主动融入柳州旅游大环境，大力发展观光农业，以乡村旅游推动美丽乡村建设，形成了具有集生产、观光、休闲、度假、娱乐等综合功能为一体的“农家乐”生态农业观光旅游景区。

荷花盛开

2014年，柳江县农民人均纯收入在柳州市六县中率先超过万元。

清洁的环境是生活好起来之后村民的自发要求。随着“清洁乡村”活动的开展，村民们的环境卫生意识和集体荣誉感、主人翁责任感越来越强，他们围院栽树、沿河布景、空地绿化、绕房美化，生态种养，最大限度保持了农村原生态特色，展现了乡风文明、村容整洁的新农村面貌。

如今，柳江县的“荷塘月色”声名鹊起：百朋镇是全国规模最大的双季莲藕生产基地；首创双季莲藕套种慈姑“一年三熟”生产模式、首创“农产品质量安全追溯系统搭载视频监控系统全程监控”运用；以全藕宴、民俗特色旅游为主题，打造荷文化品牌。2014年示范区荣获“中国美丽田园”称号，2015年被自治区人民政府确定为首批省级现代农业示范区。

碧浪翻涌，风送荷香，村民家住万亩荷塘之畔，身处映日荷花之间，通过自己的辛勤劳动，创造和见证了家乡的生态和谐之美。■

**图书在版编目(CIP)数据**

人居广西 / 沈东子主编 ; 陈洪健等著 . -- 桂林 : 漓江出版社 , 2015.11

ISBN 978-7-5407-7362-5

Ⅰ . ①人… Ⅱ . ①沈… ②陈… Ⅲ . ①农村 - 居住环境 - 调查报告 - 广西 Ⅳ . ① X21

中国版本图书馆 CIP 数据核字 (2015) 第 242680 号

RENJU GUANGXI

**人居广西**

沈东子 主编

陈洪健 梁雪珊 等 著

策划编辑：张 谦

责任编辑：何伟 刘红果 辛丽芳

漓江出版社有限公司出版发行

广西桂林市南环路22号 邮政编码：541002

网址：http://www.lijiangbook.com

全国新华书店经销

销售热线：0773-2585186

广州市中天彩色印刷有限公司

开本：787mm × 1092mm 1/16

印张：24.5 字数：155千字 图：220余幅

2015年11月第1版 2015年11月第1次印刷

定价：78.00元

---

如发现印装质量问题，影响阅读，请与承印单位联系调换。

（电话 :020-66853808）